RHEOLOGIE UND RHEOMETRIE
MIT ROTATIONSVISKOSIMETERN

Unter besonderer Berücksichtigung von Rotovisko und Viscotester

von

W. Heinz

Zweite, von H. Mewes und P. Haake überarbeitete und erweiterte Auflage

Vertrieb durch
Springer-Verlag 1 Berlin 31 Heidelberger Platz 3

GEBRÜDER HAAKE K.G.

1 BERLIN 46 · SIEMENSSTRASSE 27 · TELEFON (0311) 72 66 11
75 KARLSRUHE-DURLACH · DIESELSTRASSE 4 · TELEFON (0721) 4 16 11

ISBN 978-3-540-03394-3   ISBN 978-3-642-50227-9 (eBook)
DOI 10.1007/978-3-642-50227-9

Inhaltsverzeichnis

	Seite
1. Grundlagen	5
2. Rheologische Messungen mit Rotationsviskosimetern	8
3. Reinviskose (Newtonsche) Substanzen	14
4. Fließanomalien; nicht-Newtonsche Substanzen	16
5. Strukturviskose Substanzen	20
6. Beispiel der Messung einer strukturviskosen Substanz mit dem ROTOVISKO	24
7. Beispiel der Messung einer strukturviskosen Substanz mit dem VISCOTESTER	27
8. Entspannungsmessung	30
9. Messung von Anlaufeffekten	32
10. Dilatante Substanzen	35
11. Plastische Substanzen-Fließgrenze	36
12. Thixotrope und rheopexe Substanzen	42
13. Beispiel der Messung einer thixotropen Substanz mit dem ROTOVISKO	49
14. Visko-elastische Substanzen	51
15. Anhang	57

1. Grundlagen

„Rheologie" heißt zu deutsch „Fließkunde". Dieser Zweig der Naturwissenschaften, ein Grenzgebiet zwischen Chemie und Physik, befaßt sich mit dem Fließverhalten von Stoffen, das weitgehend von den viskosen und elastischen Stoffeigenschaften bestimmt wird. Die entsprechenden Meßverfahren werden unter dem Begriff „Rheometrie" zusammengefaßt. „Rheologie" und „Rheometrie" sind also dem älteren Begriff „Viskosimetrie" übergeordnet.

Unter der Viskosität oder Zähigkeit wird eine physikalische Stoffeigenschaft verstanden, die ein Maß für die innere Reibung einer Substanz ist. Der inneren Reibung zufolge setzt die Substanz irgendwelchen bleibenden Formänderungen, also Strömungen, Widerstand entgegen; oder mit anderen Worten: um in einer solchen Substanz eine Strömung hervorzurufen und aufrechtzuerhalten, sind Kräfte bzw. Spannungen erforderlich. Alle Substanzen (gasförmige, flüssige, feste) weisen innere Reibung auf. Somit können allen Substanzen größere oder kleinere Viskositäten zugeordnet werden.

Solche Substanzen, bei denen beliebig kleine Kräfte bereits bleibende (nicht-elastische) Formänderungen (Strömungen) hervorrufen können, heißen Flüssigkeiten bzw. Gase.

Das Wesen der Viskosität einer Substanz wird durch den folgenden Grundversuch verdeutlicht (siehe Abbildung Parallelplatten-Versuch):

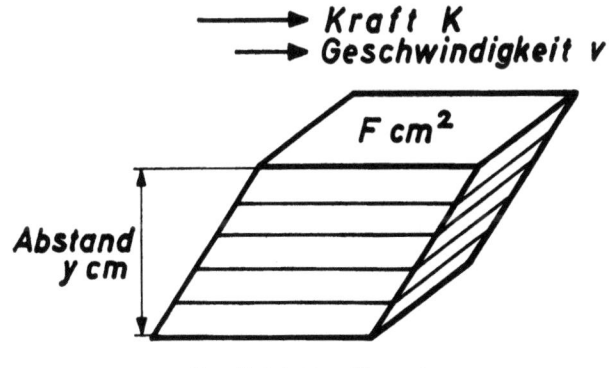

Parallelplatten-Versuch

Zwei ebene Platten sind im Abstand y [cm] parallel zueinander angeordnet. Zwischen beiden Platten befindet sich die Substanz. Beide

Platten sind gleich groß und beide haben die Fläche F [cm²]. Die eine Platte ist verschiebbar. An ihr zieht eine Kraft K [dyn] in der Ebene der Platte, z. B. durch Schnurzug. Dann wirkt an der Platte und in der Substanz eine Schubspannung τ, die gegeben ist durch:

$$\tau = \frac{K}{F} \; [dyn \cdot cm^{-2}] \quad (1)$$

Dieser Schubspannung zufolge bewegt sich die Platte mit einer konstanten Geschwindigkeit v [cm · sec⁻¹]. In der Substanz entsteht dadurch ein Geschwindigkeits- oder Schergefälle D, denn die Substanz haftet durch Adhäsion an beiden Platten, sowohl an der bewegten als auch an der festen.
Bei diesem Versuch werden also die einzelnen Substanzschichten (Lamellen, laminare Strömung) gegeneinander verschoben, wobei durch die Schubspannung die innere Reibung der Substanz zu überwinden ist.
Das Schergefälle D ergibt sich gemäß:

$$D = \frac{v}{y} \; [sec^{-1}] \quad (2)$$

Bei komplizierteren Strömungsformen ist das Gefälle D nicht, wie hier, überall in der Substanz gleich groß. Daher wird D wissenschaftlich exakt durch einen Differentialquotienten definiert:

$$D = \frac{dv}{dy} \; [sec^{-1}] \quad (3)$$

y bzw. dy ist senkrecht zur Strömungsrichtung orientiert. Das Schergefälle ist also der Geschwindigkeitsunterschied zweier benachbarter Substanzschichten, dividiert durch ihren Abstand.
Die Schubspannung τ, das Schergefälle D und die Viskosität η stehen in einem bestimmten Zusammenhang, der durch den Newtonschen Ansatz formuliert wird:

$$\tau = \eta \cdot D \quad (4)$$

Die Definitionsgleichung der Viskosität lautet demnach:

$$\eta = \frac{\tau}{D} \; \left[\frac{dyn \cdot sec}{cm^2}\right] \quad (5)$$

Die Einheit der so definierten „dynamischen Viskosität" heißt das Poise (sprich: poas, nach dem französischen Physiker Jean Maria Poiseuille 1799—1869), abgekürzt P. Eine Substanz hat also eine Viskosität von 1 Poise, wenn eine Schubspannung von 1 $[\text{dyn} \cdot \text{cm}^{-2}]$ ein Schergefälle von 1 $[\text{sec}^{-1}]$ erzeugt.

Meistens wird die hundertmal kleinere Einheit Centipoise (abgekürzt cP) benutzt. Wasser hat bei 20° C eine Viscosität von ungefähr 1 cP.

2. Rheologische Messungen mit Rotationsviskosimetern

Bei einem exakten Rotationsviskosimeter sind die beiden ebenen Platten des oben beschriebenen Versuches zu 2 konzentrischen Zylindern umgestaltet (Abbildung Couette-Einrichtung). In dem Ringspalt zwischen den beiden Zylindern befindet sich die Meßsubstanz. Die Substanz haftet an beiden Zylindern. Wenn ein Zylinder sich dreht, so wird die anliegende Substanzschicht mitgenommen. Die entfernteren, konzentrischen Schichten haben geringere Winkelgeschwindigkeiten, und die am anderen Zylinder haftende Schicht bleibt mit diesem in Ruhe.

Bei einer anderen Version des Grundversuches werden eine ebene Platte und ein Kegel mit großem Öffnungswinkel verwendet, der die Platte mit seiner Spitze berührt. Hier befindet sich die Meßsubstanz in dem ringförmigen Keilspalt zwischen Platte und Kegel (Abbildung Platte-Kegel-Einrichtung).

Diese beiden Anordnungen führen zu besonders einfachen und übersichtlichen Strömungsformen, die der exakten Berechnung zugänglich sind. Auch aus diesem Grunde sind Rotationsviskosimeter für rheologische Messungen besonders gut geeignet.

Bei einem Rotationsviskosimeter mit Couette-Einrichtung tritt an die Stelle der Kraft K und der Geschwindigkeit v des Grundversuches das Drehmoment M und die Winkelgeschwindigkeit ω an einem der Zylinder.

Winkelgeschwindigkeit $\omega = \dfrac{2\pi n}{60}$; n = Umdrehungen/Minute.

In den meisten Fällen wird ω fest vorgegeben durch einen entsprechenden elektromotorischen Antrieb, und M, das Drehmoment, wird gemessen. In vielen Fällen beziehen sich ω und M auf den Innenzylinder, so auch im folgenden.

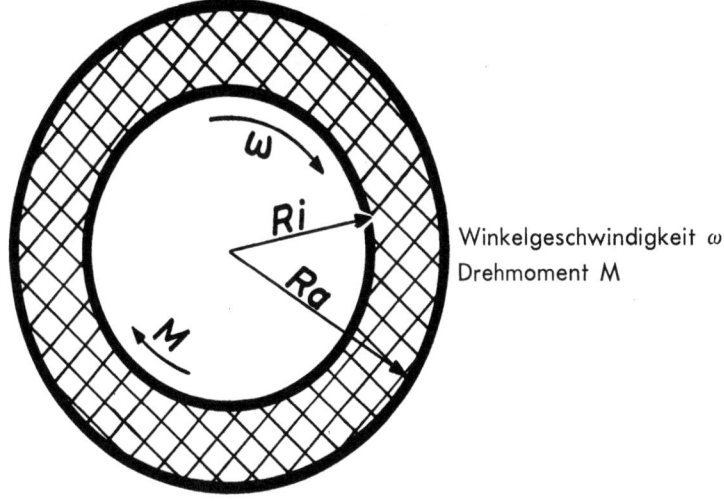

Winkelgeschwindigkeit ω
Drehmoment M

Couette-Einrichtung

Die Schubspannung am inneren Zylinder errechnet sich wie folgt:

$$\text{Schubspannung} = \frac{\text{Kraft}}{\text{Zylinderfläche}} = \frac{\text{Kraft} \times \text{Radius}}{\text{Zylinderfläche} \times \text{Radius}}$$

$$= \frac{\text{Drehmoment}}{\text{Zylinderfläche} \times \text{Radius}}$$

oder in Formelzeichen:

$$\tau_i = \frac{M}{2\pi h\, R_i^2} \quad [\text{dyn} \cdot \text{cm}^{-2}] \tag{6}$$

wobei τ_i = Schubspannung am Innenzylinder, M = Drehmoment [dyn·cm], R_i = Radius des Innenzylinders, h = Höhe des Zylinders. Diese Schubspannung herrscht also in der unmittelbar am Innenzylinder befindlichen Substanzschicht. In den entfernteren Schichten ist die Schubspannung kleiner, denn hier verteilt sich das Drehmoment ja auf größere Zylinderflächen, da der Radius größer wird. Für die Schubspannung τ_a am äußeren Zylinder gilt entsprechend:

$$\tau_a = \frac{M}{2\pi h\, R_a^2} \tag{7}$$

wobei R_a der Radius des äußeren Zylinders ist. Da $R_a > R_i$, ist also $\tau_a < \tau_i$. Bei einem Rotationsviskosimeter mit Couette-Meßeinrichtung ist also die Schubspannung am Innenzylinder stets am größten, am Außenzylinder am kleinsten, bei gegebenem Drehmoment. Hierin besteht ein Unterschied zum Parallelplatten-Versuch, bei dem die Schubspannung überall gleich groß ist. Der Unterschied rührt von der Krümmung der Platten zu Zylindern her. Nur bei engem Ringspalt, wenn also R_a nur wenig größer ist als R_i, bzw. wenn der Quotient R_i/R_a fast 1 ist, kann man bei einer Couette-Einrichtung die Schubspannung an allen Punkten als im wesentlichen konstant betrachten.

Aus dem gleichen Grunde ergibt sich bei der Couette-Einrichtung das Schergefälle nicht einfach aus der Geschwindigkeit und der Spaltbreite, wie beim Parallelplatten-Versuch, sondern es muß bei der Herleitung die Abhängigkeit der Schubspannung vom Ort im Spalt mathematisch berücksichtigt werden. Dieses Problem führt bei Newtonschen Substanzen (s. unten) auf eine Differentialgleichung, die geschlossen integrierbar ist. Die Lösung ergibt das Schergefälle D_i am Innenzylinder bei Newtonschen Substanzen:

$$\boxed{D_i = 2\omega \frac{R_a^2}{R_a^2 - R_i^2} \ [\sec^{-1}]} \tag{8}$$

Dabei ist ω [sec^{-1}] die Winkelgeschwindigkeit des inneren Zylinders. Entsprechend der Schubspannung ist auch das Schergefälle bei einer Couette-Einrichtung am Innenzylinder am größten und am Außenzylinder am kleinsten bei gegebener Drehgeschwindigkeit. Nur bei engem Spalt kann man D als im wesentlichen konstant über die Spaltbreite betrachten.

Aus τ_i und D_i ergibt sich die Viskosität gemäß $\eta = \frac{\tau_i}{D_i}$ und es folgt daher für das Rotationsviskosimeter mit Couette-Meßeinrichtung:

$$\boxed{\eta = \frac{M}{\omega} \cdot \frac{R_a^2 - R_i^2}{4\pi h \, R_i^2 \, R_a^2} \ [\text{Poise}]} \tag{9}$$

Bei den Rotationsviskosimetern ROTOVISKO und VISCOTESTER dreht sich der Innenzylinder der Couette-Meßeinrichtung. Seine Winkelgeschwindigkeiten ω werden durch Synchronmotore und Getriebe fest vorgegeben. Die sich ergebenden Drehmomente am Innenzylinder werden gemessen und erscheinen als abzulesende Skalenwerte.

Die bei Verwendung der Platte-Kegel-Einrichtung zum ROTOVISKO geltenden Beziehungen für die Größen τ, D und η ergeben sich unter Beachtung der Tatsache, daß der Keilspaltwinkel α praktisch sehr klein ist (siehe Abb. Platte-Kegel-Einrichtung), also $\text{tg}\,\alpha = \alpha$ gesetzt werden kann, wie folgt:

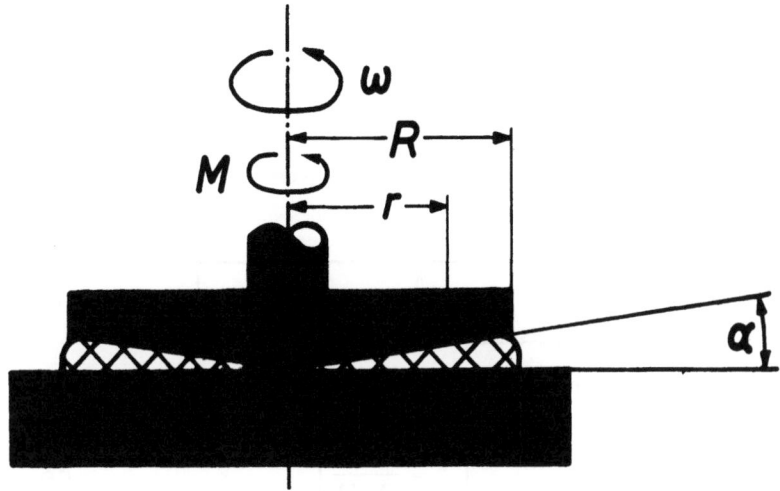

Platte-Kegel-Einrichtung

Die Geschwindigkeit eines im Abstand r von der Kegelachse mit der Winkelgeschwindigkeit ω rotierenden ringförmigen Flächenelementes ist

$$v = \omega \cdot r \tag{10}$$

Die Substanz wird vom Kegel mitgenommen und ruht an der feststehenden Platte. Die (kleine) Spaltbreite an der Stelle r beträgt

$$d = r \cdot \text{tg}\,\alpha \approx r \cdot \alpha \tag{11}$$

so daß für das Schergefälle D als Quotient der beiden Größen mit guter Näherung gilt:

$$D = \frac{v}{d} = \frac{\omega}{\alpha} \tag{12}$$

Das Schergefälle ist also überall im Spalt gleich, unabhängig von R.

Für den Zusammenhang zwischen der Schubspannung τ und dem auf den Kegel übertragenen Drehmoment M betrachtet man wieder ein kreisringförmiges Flächenelement des Kegels im Abstand r von der Achse. Das Produkt der auf diesen infinitesimalen Ring wirkenden Kraft und dessen Abstand von der Achse stellt das entsprechende infinitesimale Drehmoment dar. Dabei ist die Kraft das Produkt der Fläche dieses Ringes (dF = 2π rdr) mit der Schubspannung τ. Zusammen gilt also

$$dM = 2\pi\tau \cdot r^2 \cdot dr \quad (13)$$

Durch Integration über den ganzen Kegel (von r = 0 bis r = R) folgt schließlich für M:

$$M = 2\pi\tau \int_0^R r^2\, dr = \frac{2}{3}\pi\tau R^3 \quad (14)$$

Also ist für die Platte-Kegel-Einrichtung

$$\tau = \frac{3M}{2\pi R^3} \quad (15)$$

Da definitionsgemäß $\eta = \dfrac{\tau}{D}$ ist, ergibt sich:

$$\eta = \frac{3M\alpha}{2\pi R^3 \omega} \quad (16)$$

Die in die Formeln für τ und D eingehenden Apparatedimensionen sind beim ROTOVISKO und VISCOTESTER zu sog. Drehkörperfaktoren A und B zusammengefaßt und können dem Prüfschein bzw. der Tabelle der Meßeinrichtungen entnommen werden.

Es sind stets die an der Drehkörperwand herrschenden Schubspannungen und Schergefälle, also in exakter Schreibweise τ_i und D_i, gemeint, doch wird der Index i der Einfachheit halber bei Betrachtungen von ROTOVISKO und VISCOTESTER im folgenden fortgelassen.

Bei beiden Geräten errechnet sich die Schubspannung gemäß:

$$\boxed{\tau = A \cdot S \; [dyn \cdot cm^{-2}]} \qquad (17)$$

dabei ist A der sogenannte Schubfaktor und S ist der abgelesene Skalenwert.

Entsprechend errechnet sich bei beiden Geräten das Schergefälle gemäß:

$$\boxed{D = \frac{B}{U} \; [sec^{-1}]} \qquad (18)$$

dabei ist B der sogenannte Scherfaktor, U = Geschwindigkeitsfaktor.

3. Reinviskose (Newtonsche) Substanzen

Die Viskosität η einer Substanz wird, wie in Formel (5) ausgeführt, definiert durch:

$$\eta = \frac{\tau}{D}$$

Bei einer gewissen Klasse von Substanzen ist die so definierte Viskosität nicht nur eine Stoffeigenschaft, sondern darüber hinaus auch eine Stoff- oder Materialkonstante, die sich lediglich mit der Temperatur ändern kann (analog etwa zur Dichte einer Substanz). Da η also hier konstant ist, hat es auch den Charakter eines Proportionalitätsfaktors. τ und D sind bei diesen Newtonschen oder reinviskosen Stoffen einander proportional. Verdreifachung des Schergefälles D beispielsweise bewirkt Verdreifachung der Schubspannung τ. Newtonsche Stoffe sind rheologisch und strukturmechanisch betrachtet die einfachsten Substanzen. Zu ihrer Messung braucht die dem betreffenden Viskosimeter zugrundeliegende Strömung nicht unbedingt mathematisch faßbar zu sein. Es genügt eine laminare, also turbulenzfreie (wirbelfreie) Strömung. Durch Eichung mit Eichflüssigkeiten kann man dann das Viskosimeter immer im absoluten Maßsystem eineichen.

Einige Newtonsche Substanzen sind:
Pflanzen- und Mineralöle (ohne Additives), Wasser, Zuckerlösung, Glycerin.

Messung reinviskoser Substanzen mit dem ROTOVISKO

Wenn der Getriebe-Schalthebel auf eine höhere Drehgeschwindigkeit, also auf einen niedrigeren U-Wert, umgeschaltet wird, so geht bei einer Newtonschen Substanz der Skalenwert auf das entsprechend Vielfache: η ist eine Materialkonstante. Umgekehrt erlaubt die Feststellung, daß bei einer Substanz Proportionalität zwischen Skalenwert und reziprokem U-Wert herrscht, den Schluß, daß die vorliegende Substanz reinviskosen oder Newtonschen Charakter hat (zumindest in dem Schergefälle-Bereich, in dem die Messung vorgenommen wurde).

Messung reinviskoser Substanzen mit dem VISCOTESTER

Wenn der Drehzahlschalter von 4 auf 1 umgeschaltet wird und damit das Schergefälle vervierfacht wird, so geht bei einer Newtonschen Substanz der Skalenwert auf das Vierfache: η ist eine Materialkonstante. Umgekehrt erlaubt die Feststellung, daß bei einer Substanz Proportionalität zwischen Skalenwert und reziproker Drehschalter-Stellung herrscht, den Schluß, daß die vorliegende Substanz reinviskosen oder Newtonschen Charakter hat (zumindest in dem angewandten Schergefällebereich).

4. Fließanomalien; nicht-Newtonsche Substanzen

Bei gewissen Substanzen herrscht jedoch keine Proportionalität zwischen τ und D, bzw. zwischen Drehmoment und Drehgeschwindigkeit bei einem Rotationsviskosimeter. Entsprechend ist

$$\boxed{\eta = \frac{\tau}{D}}$$

kein Proportionalitätsfaktor und damit keine Materialkonstante mehr, sondern die Viskosität η, die als Quotient aus Schubspannung und Schergefälle definiert ist, wird damit selbst abhängig von τ oder D. Man kann also ansetzen:

$$\boxed{\tau = \eta\,(\tau) \cdot D} \quad \text{(19a) oder} \quad \boxed{\frac{\tau}{\eta\,(\tau)} = D} \quad \text{(19b) oder} \quad \boxed{D = f\,(\tau)} \quad (20)$$

Dabei bedeutet das Symbol $\eta\,(\tau)$, daß die Viskosität selbst eine Funktion der Schubspannung ist, und f steht für eine bestimmte Funktion von τ. Es könnte also z. B. heißen:

$$\boxed{D = a \cdot \tau^2} \qquad (21)$$

Dann würde f eine quadratische Funktion bedeuten (a = Materialkonstante).

Die Funktion $D = f\,(\tau)$ stellt das sog. Fließ- oder Reibungsgesetz dar, das also beschreibt, in welcher Weise das Schergefälle von der Schubspannung abhängt.

Substanzen, bei denen η keine Materialkonstante ist, heißen nicht-Newtonsche Substanzen, oder man sagt, daß anomales Fließverhalten vorliegt.

Man kann D als Funktion von τ graphisch darstellen, indem z. B. die Schergefälle auf der Ordinate und die zugehörigen Schubspannungen auf der Abszisse eines linearen Koordinatensystems abgetragen werden. Diese Kurvendarstellung $D = f\,(\tau)$ wird Fließkurve genannt. Durch sie wird das rheologische Verhalten einer Substanz am zweckmäßigsten beschrieben und gekennzeichnet, sofern die Funktion f als mathematisches Gesetz unbekannt ist und bleibt.

Die Fließkurve einer reinviskosen Substanz ist im linearen Koordinatensystem natürlich eine Gerade durch den 0-Punkt, denn hier gilt ja:

$$D = \frac{\tau}{\eta} \quad (22)$$

wobei η konstant ist, also eine einfache lineare Beziehung. Indem man in mehreren Punkten einer Fließkurve den Quotienten $\frac{\tau}{D} = \eta$ bildet, gewinnt man die Abhängigkeit der Viskosität η von τ oder D. Ihre graphische Darstellung heißt Viskositätskurve. Die Veränderliche kann hier an sich ganz beliebig die Schubspannung τ oder das Schergefälle D sein. τ als Veränderliche ist jedoch vorzuziehen wegen der besseren Darstellungsmöglichkeit von Fließgrenzen (s. u.). Die Viskositätskurve kann natürlich auch mit den Gleichungen (6) und (9) aus den Versuchsdaten erhalten werden (beim Couette-System).

Fließkurven und Viskositätskurven sind zwei äquivalente Darstellungsmöglichkeiten des Fließverhaltens eines Stoffes. Wissenschaftliche Kreise bevorzugen mehr die Fließkurvendarstellung, während Praktiker den Viskositätskurven den Vorzug geben.

Für die Untersuchung von Fließanomalien mit Rotationsviskosimetern ist die Dimensionierung der Meßeinrichtung von wesentlicher Bedeutung. Nur dann, wenn der Meßspalt im Vergleich zum Zylinderradius genügend klein ist, bzw. wenn das Radienverhältnis beider Zylinder nahe 1 ist, erhält man bequem zu verwertende Resultate.

Es wurde ja im Abschnitt 2, „Rheologische Messungen mit Rotationsviskosimetern" ausgeführt, daß nur bei genügend engem Spalt die Schubspannung und das Schergefälle über die Spaltbreite als hinreichend konstant betrachtet werden kann. Nur wenn diese Bedingung erfüllt ist, stimmt bei einer anomal fließenden Substanz das mit den Formeln des Abschnittes 2 berechnete Schergefälle mit dem wahren Schergefälle hinreichend überein. Nur dann stimmt daher auch die mit einem Rotationsviskosimeter ermittelte Fließkurve mit dem wahren Fließgesetz der Substanz überein. Sonst müssen um das wahre Schergefälle zu berechnen, kompliziertere Berechnungsverfahren angewendet werden (siehe z. B. Veröffentlichung 10 der Literaturübersicht). Das mit Formel (8) bzw. (18) des 2. Abschnittes berechnete Schergefälle gilt nämlich streng nur für Newtonsche Substanzen. Es wurde dort ja ausgeführt, daß bei der Herleitung der Formel für D vorausgesetzt wird, daß η konstant ist. Daher findet man dieses mit (8) berechnete Schergefälle in der Literatur auch häufig mit D_N bezeichnet. Bei anomal fließenden Stoffen, bei denen η keine Stoffkonstante ist, kann man D_N nur dann für das wahre Schergefälle nehmen, wenn das Radienverhältnis nahe 1 ist. Für praktische Belange ist diese Bedingung hinreichend erfüllt, wenn gilt:

$$\boxed{\frac{R_i}{R_a} > 0{,}85} \qquad (23)$$

Diese Bedingung ist bei den Meßeinrichtungen NV, MV I, MV II, SV I, SV II, T I, T II des ROTOVISKOS und des VISCOTESTERS erfüllt. Bei diesen Meßeinrichtungen darf also im allgemeinen das nach obiger Formel (18) berechnete Schergefälle für das wahre Schergefälle genommen werden. Entsprechend stimmt hier die mit $D = \dfrac{B}{U}$ und $\tau = A \cdot S$ berechnete Fließkurve hinreichend genau mit dem wahren Fließgesetz $D = f(\tau)$ (mitunter auch Reibungsgesetz genannt) der Substanz überein. Auch die mit $\eta = U \cdot S \cdot K$ beim ROTOVISKO, bzw. $\eta = U \cdot S \cdot F$ beim VISCOTESTER berechnete Viskosität stimmt bei diesen Meßeinrichtungen hinreichend genau mit der wahren Viskosität $\eta = \dfrac{\tau}{D}$ überein.

Analog ist bei der Platte-Kegel-Meßeinrichtung (PK I, PK II, PK III) der Keilspalt so klein, daß gemäß der Formel (12) das Schergefälle im ganzen Spalt konstant und dem wahren Schergefälle gleich ist.

Bei Meßeinrichtungen mit größerer Spaltbreite, insbesondere aber bei der Meßeinrichtung E und Fl (bei der die Drehkörper frei in der theoretisch unendlich ausgedehnten Substanz rotieren), geben entsprechend die ermittelten η-Werte nicht die wahren η-Werte, und die ermittelten D-Werte nicht die wahren D-Werte wieder. Man kann daher hier nur von ermittelten „scheinbaren" Viskositäten sprechen, die nicht allgemein gültig sind, da bei einer Messung unter anderen Strömungsverhältnissen durchaus andere scheinbare Viskositäten herauskommen können.

Da diese ohne Stator, also frei drehenden Meßeinrichtungen wahre τ-Werte ermitteln lassen, können wahre Fließgrenzen gemessen werden.

Wenn man alle möglichen Substanzen hinsichtlich ihrer rheologischen Eigenschaften untersucht und ihre Fließkurven zeichnet, so findet man gewisse Fließkurvenformen immer wieder. Man kann daher alle Substanzen nach ihren Fließkurvenformen und daher nach ihrem grundsätzlichen rheologischen Verhalten in Gruppen einteilen. Eine Gruppe, die einfachste, ist bereits beschrieben worden. Es ist die der reinviskosen oder Newtonschen Substanzen. Weitere Stoffgruppen und die entsprechenden zweckmäßigen Meßverfahren werden im folgenden behandelt.

5. Strukturviskose Substanzen

Die Mehrzahl der nicht-Newtonschen Substanzen zeigt die Erscheinung der Strukturviskosität. Hierunter wird dasjenige rheologische Verhalten verstanden, das durch eine nach unten gekrümmte Fließkurve gekennzeichnet ist (Bild 2 der Kurventafel im Anhang). Entsprechend nimmt die Viskosität solcher Substanzen mit steigenden Scherbeanspruchungen ab (Bild 1). Die Fließkurven von Substanzen, die außer der Strukturviskosität keine weiteren Fließanomalien aufweisen, gehen durch den 0-Punkt des linearen Koordinatensystems.

Strukturviskosität zeigen fast immer Lösungen von Hochpolymeren, z. B. von Kautschuk und Kunststoffen. Aber auch Suspensionen weisen, vor allem bei höheren Konzentrationen, vielfach Strukturviskosität auf. Das Zustandekommen dieses rheologischen Verhaltens kann man sich bei Lösungen etwa so vorstellen, daß sich unter der Wirkung der Strömung faden- oder kettenförmige Moleküle in Strömungsrichtung einzustellen suchen, wodurch ihr strömungshindernder Einfluß stark sinkt, was sich in einer Viskositätsminderung äußert. Bei einem größeren Schergefälle bzw. bei größerer Schubspannung ist ein größerer Teil der Moleküle der Strömung parallel gestellt. Die Viskosität ist kleiner. Bei Suspensionen scheint das Zustandekommen von Strukturviskosität mit nicht-kugelförmiger Gestalt der festen Teilchen verknüpft zu sein. Ellipsoidale Teilchen beispielsweise stellen sich mit größerwerdenden Schergefällen mehr und mehr in Strömungsrichtung ein, was ein Absinken der Viskosität bewirkt. Falls zunächst kugelförmige Teilchen sich gegenseitig anziehen, so kann das zu strukturviskosem Verhalten führen, da den Anziehungskräften zufolge sich kettenartige Gebilde aus den Teilchen formieren. Zusätze von oberflächenaktiven Stoffen können dann u. U. Strukturviskosität verhindern, da sie die Anziehungskräfte abschirmen. Die Fließgesetze (deren graphische Darstellungen im wesentlichen die Fließkurven sind) strukturviskoser Substanzen genügen vielfach einem Potenzgesetz der Form:

$$\boxed{D = a \cdot \tau^n} \qquad (24)$$

wobei a und n Materialkonstanten sind. Die Fließkurven sind dann in doppelt-logarithmischem System Geraden. Es empfiehlt sich daher vielfach die Übertragung der Meßpunkte auf doppelt-logarithmisches Papier. Auch Fließgesetze der Form:

$$D = a \cdot e^{b\tau} \quad (25)$$

findet man häufig. Hier werden die Fließkurven zu Geraden in einfach-logarithmischem System.

Für die rheologische Charakterisierung einer Substanz ist es vielfach wesentlich, ihre Fließkurve in einem möglichst großen Schergefälle- und Schubspannungsbereich zu bestimmen. Denn gerade bei der praktischen Anwendung sind die Substanzen oftmals sehr extremen Scherbedingungen unterworfen. So ist beispielsweise das Verlaufen eines Lackes ein Fließvorgang, der sich bei sehr kleinen Schubspannungen und Schergefällen vollzieht, während in der Spritzpistole der Lack sehr großen Schergefällen unterworfen wird.

Messung strukturviskoser Substanzen mit dem ROTOVISKO

Bei einer Messung mit dem ROTOVISKO äußert sich Strukturviskosität zunächst darin, daß beim Umschalten des Getriebes auf einen zwei- oder dreimal kleineren U-Wert der Skalenwert nicht auf den zwei- oder dreifachen Wert steigt, sondern auf einen Wert, der kleiner ist als das Zwei- oder Dreifache. Diese Feststellung gestattet sofort den Schluß, daß man es mit einer strukturviskosen Substanz zu tun hat. Wenn mit den Einhängeeinrichtungen E gemessen wird, so muß man sich aber darüber im klaren sein, daß die ermittelten η-Werte hier nur scheinbarer Natur sind, wie oben ausgeführt.

Zur Bestimmung von Fließkurven und Viskositätskurven mit dem ROTOVISKO mißt man bei möglichst vielen Drehgeschwindigkeiten die sich ergebenden Skalenwerte. Aus den Wertepaaren U und S ermittelt man dann anhand der oben angegebenen Formeln die Schubspannungen und Schergefälle, wenn man Fließkurven erhalten will, und Viskositäten und Schubspannungen, wenn man auf Viskositätskurven Wert legt.

Wenn die ermittelte Fließkurve nach unten gekrümmt ist, so ist die Meßsubstanz strukturviskos.

Der mit dem ROTOVISKO meßbare Bereich wird wesentlich erweitert durch den Übergang zu anderen Meßköpfen (Doppelmeßkopf!) und Meßeinrichtungen sowie durch die Verwendung der Zwischengetriebe.

Messungen von Fließanomalien werden aus den in Abschnitt 4 genannten Gründen zweckmäßigerweise nur mit den Meßeinrichtungen NV, MV I, MV II, SV I, SV II, PK I, PK II, PK III durchgeführt.

Zum Rotovisko ist ein spezielles, arbeitssparendes Koordinatenpapier erhältlich, das zum leichten Vergleich verschiedener Kurvenblätter transparent ist. Bei diesem ist die D-Achse logarithmisch, die τ-Achse linear geteilt. Die Benutzung dieser Blätter vereinfacht die Messungen sehr, weil die Achsen mit den U- bzw. S-Werten des Rotovisko beschriftet sind. Reinviskose Stoffe ergeben in diesem System keine Geraden. Außerdem ist ein entsprechendes, aber doppeltlogarithmisch geteiltes Papier lieferbar. Bei diesem Diagrammblatt ergeben sich für reinviskose Stoffe Geraden, die eine Neigung von 45° gegen die Ordinaten haben. Strukturviskose Stoffe werden meistens ebenfalls zu Geraden, jedoch mit anderer Neigung. Ein steilerer Anstieg (als 45°) weist auf strukturviskose Eigenschaft, ein geringerer Anstieg auf Dilatanz (siehe Abschnitt 10 „Dilatante Substanzen") hin.

Messung strukturviskoser Substanzen mit dem VISCOTESTER

Bei einer Messung mit dem VISCOTESTER äußert sich anomales Fließverhalten zunächst darin, daß beim Drehzahlumschalten von 4 auf 1 der Skalenwert nicht auf den vierfachen Wert steigt, sondern auf einen Wert, der kleiner ist als das Vierfache. Diese Feststellung gestattet sofort den Schluß, daß man es mit einer strukturviskosen Substanz zu tun hat. Wenn mit den Einhänge-Einrichtungen E gemessen wird, so muß man sich aber darüber im klaren sein, daß die ermittelten η-Werte hier nur scheinbarer Natur sind, wie in Abschnitt 4 ausgeführt.

Die beiden Drehzahlen des VISCOTESTERS gestatten zunächst, zwei Punkte der Fließkurve oder Viskositätskurve zu bestimmen. Bei Verwendung des Frequenzwandlers, der die Messung bei fünf Drehzahlen ermöglicht, sind entsprechend fünf Punkte bestimmbar.

Schubspannung und Schergefälle werden analog zum Rotovisko aus den Werten U und S errechnet, woraus sich wiederum die Fließkurve herleiten läßt.

Wenn die ermittelte Fließkurve nach unten gekrümmt ist, so ist die Meßsubstanz strukturviskos. Falls die Verbindungsgerade durch 2 Meßpunkte der Fließkurve, die ohne Frequenzwandlerbetrieb erhalten werden, nicht durch den 0-Punkt geht, sondern die Abszisse schneidet, die Substanz aber keine Fließgrenze (s. u.) hat, so liegt Strukturviskosität vor, da die Fließkurve ja dann nach unten gekrümmt sein muß.

6. Beispiel der Messung einer strukturviskosen Substanz mit dem ROTOVISKO

Es wurde mit dem ROTOVISKO die Lösung eines hochpolymeren Stoffes gemessen.

Die Messungen erfolgten mit dem Doppelmeßkopf 500/50. Zunächst wurden die Meßeinrichtungen MV I und das Zwischengetriebe ZG 100 eingesetzt. Wegen der hierbei auftretenden kleinen Schubspannungen war der Doppelmeßkopf auf „50" geschaltet. Es wurden, beginnend mit der kleinsten Tourenzahl, sukzessive steigende Umdrehungsgeschwindigkeiten am Getriebe eingestellt. So ergab sich folgende Werte-Tabelle (A = 3,85; B = 1142):

U	S	D	τ
16 200	3,9	0,0708	15
8 100	6,5	0,142	25
5 400	8,1	0,212	31
2 700	12,6	0,424	48
1 800	16,2	0,637	62
900	25,0	1,27	96
600	30,0	1,91	115
300	49,5	3,81	190
200	62,8	5,71	240
100	91,5	11,42	350

Anhand dieser Tabelle wurde dann ein Ast der Fließkurve auf doppelt-logarithmischem Papier gezeichnet (▲).

Anschließend wurde das Zwischengetriebe abgeschraubt, und es wurde wegen der nun größeren Schubspannungen der Doppelmeßkopf auf „500" geschaltet. Es ergab sich folgende Tabelle (A = 33,8; B = 1142):

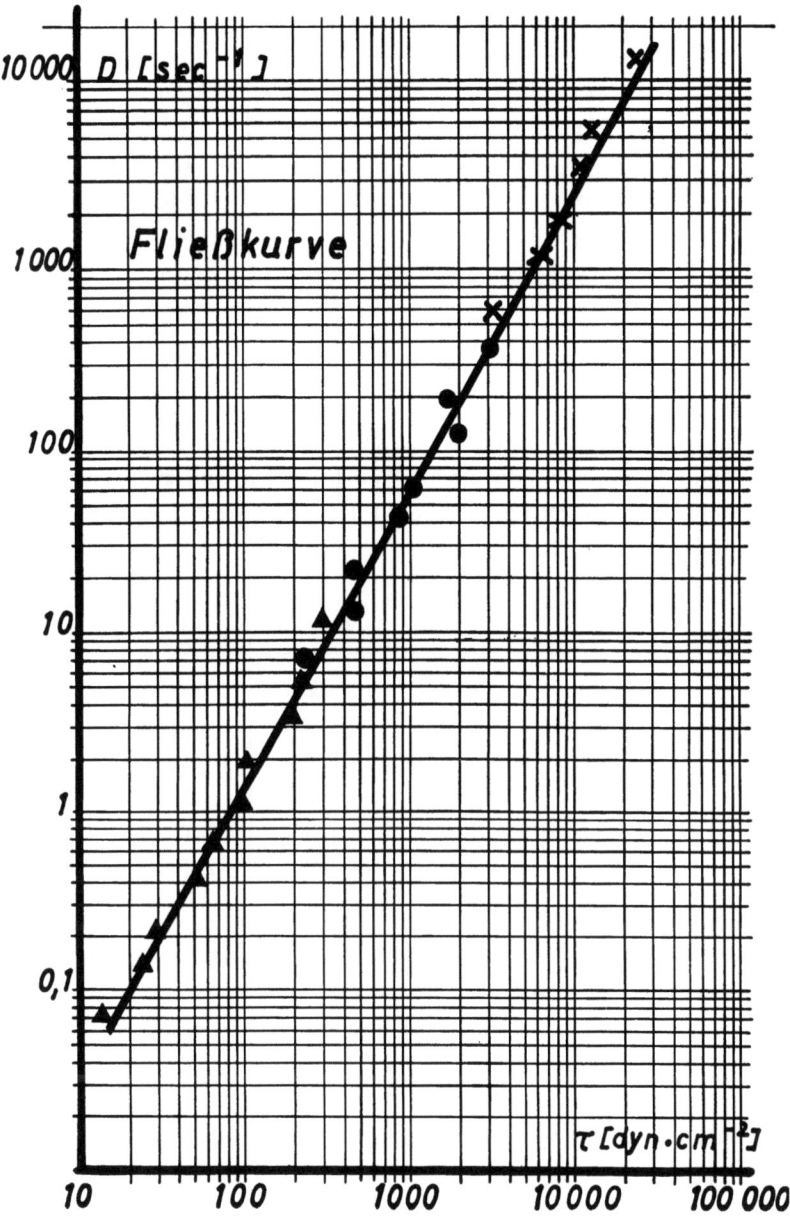

Fließkurve einer strukturviskosen Substanz,
gemessen mit dem Rotovisko.

U	S	D	τ
162	7,4	7,08	250
81	12,8	14,2	430
54	14,8	21,2	500
27	24,4	42,4	825
18	31,1	63,7	1050
9	48,8	127	1650
6	56,2	191	1900
3	94,8	381	3200

Damit wurde der mittlere Ast der Fließkurve gezeichnet (●). Dann wurde die Substanz ein 3. Mal gemessen, und zwar mit der Platte-Kegel-Einrichtung mit Kegel I (Doppelmeßkopf auf „500"). Es ergab sich (A = 830; B = 10200).

U	S	D	τ
18	4,3	568	3 600
9	7,3	1 136	6 100
6	9,6	1 700	8 000
3	13,9	3 400	11 500
2	16,9	5 100	14 000
1	26,5	10 200	22 000

Auch dieses Ergebnis wurde in das Diagramm eingetragen (x) und ergab den oberen Ast der Fließkurve.

So wurde also die Fließkurve der fraglichen Substanz in einem weiten Schergefällebereich, der sich über fünf Zehnerpotenzen erstreckte, bestimmt. In dem verwendeten doppelt-logarithmischen Koordinatensystem ergab sich eine Gerade. Das Fließgesetz der Substanz ist also eine Potenzfunktion. Die Neigung der Geraden ist größer als 45°, die Substanz zeigt also Strukturviskosität (bei Newtonschem Verhalten würde die Gerade unter 45° verlaufen). Im linearen Koordinatensystem würde die Fließkurve sehr gekrümmt erscheinen; also der Typ der Kurve würde dem Bilde 2 der Kurventafel entsprechen.

7. Beispiel der Messung einer strukturviskosen Substanz mit dem VISCOTESTER

Im folgenden wird ein Beispiel der Messung einer strukturviskosen Substanz X mit dem VISCOTESTER, Type VT 23, in Verbindung mit dem Frequenzwandler und der Meßeinrichtung MV I dargestellt.

Die Substanz wurde zunächst bei den 5 Drehzahlen, die der VISCO-TESTER in Verbindung mit dem Frequenzwandler liefert, gemessen, also bei den U-Werten 16, 8, 4, 2, 1. Die sich jeweils einstellenden Skalenwerte S wurden abgelesen und notiert. Daraus wurden dann die Schubspannungen, Schergefälle und Viskositäten berechnet.

In Tabellenform hatte das Ergebnis folgendes Aussehen:

U	S	τ [dyn·cm^{-2}]	D [sec^{-1}]	η [cP]
16	680	380	3,42	11100
8	825	460	6,83	6700
4	945	530	13,7	3870
2	1070	595	27,4	2180
1	1190	665	54,8	1220

Anschließend wurde der Entspannungsversuch durchgeführt, um weitere Meßpunkte zu gewinnen. Dazu wurde die Skala (bei abgeschaltetem Motor) durch Drehen an der Drehkörper-Achse von Hand aus bis zum Skalenwert 530 verdreht. Anschließend wurde die Achse freigegeben und gleichzeitig eine Stoppuhr in Gang gesetzt und alle 5 Sekunden der Skalenwert abgelesen und notiert. Anhand der Formeln (26) und (27) wurden dann weitere Punkte der Fließkurve berechnet. In Tabellenform stellte sich das Ergebnis folgendermaßen dar:

t	S	S (Mittel)	ΔS	$\dfrac{\Delta S}{\Delta t}$	τ	D
0	530					
5	465	498	65	13	276	1,04
10	420	443	45	9	245	0,73
15	380	400	40	8	220	0,64
20	350	365	30	6	202	0,48

Anhand der beiden Tabellen wurde dann die Fließkurve auf einfachlogarithmischem Papier aufgetragen (Abb.: Fließkurve einer strukturviskosen Substanz, gemessen mit dem VISCOTESTER). Die Fließkurve wurde in diesem Koordinatensystem also zu einer Geraden gestreckt. Auf normalem, linearem Papier würde sie stark gekrümmt erscheinen.

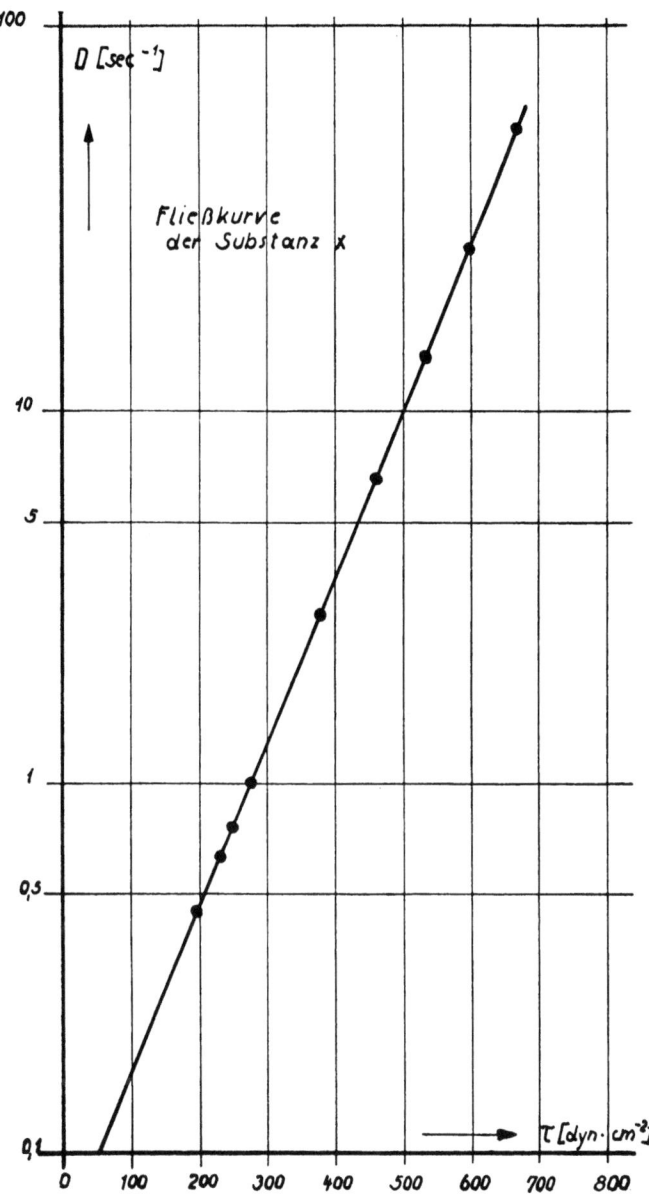

Fließkurve einer strukturviskosen Substanz, gemessen mit dem Viscotester.

8. Entspannungsmessung

Der Entspannungsmessung liegt folgendes Prinzip zugrunde:

Eine gespannte Torsions-Feder, die auf einen Drehkörper wirkt, sucht diesen entgegen dem viskosen Widerstand der Substanz zu drehen. Durch die Drehbewegung wird zugleich die Feder mehr und mehr entspannt. Die jeweilige Feder-Verdrillung, die das Drehmoment bestimmt, ist also ein Maß für die Schubspannung, und die jeweilige Drehkörpergeschwindigkeit gibt das zugehörige Schergefälle. Indem man Verdrillung und Geschwindigkeit in mehreren Punkten mißt, ermittelt man Punkte der Fließ- oder Viskositätskurve. Die Bestimmung der jeweiligen Geschwindigkeit kann dabei in der Weise erfolgen, daß man unter Verwendung einer Stoppuhr die abnehmenden Verdrillungswinkel als Funktion der Zeit notiert und dann die bekannte Rechnung durchführt.

Bei der Übertragung dieses Meßprinzips auf das ROTOVISKO und den VISCOTESTER treten die Skalenwerte an die Stelle der Verdrillungswinkel. Wenn die Skalenwerte von Hand notiert werden sollen, so muß der Entspannungsvorgang dazu natürlich genügend langsam verlaufen ($<$ 1 Skalenteil/s).

Für betriebliche Serienmessungen ist dieses Verfahren wegen seines größeren Aufwandes an Zeit und Mühe allerdings weniger geeignet. Auch wird derjenige kaum davon Gebrauch machen, der ein ROTOVISKO mit Zwischengetriebe besitzt. Die Entspannungsmessung ist daher in erster Linie für den VISCOTESTER bedeutsam.

Die praktische Durchführung des Entspannungsversuches vollzieht sich in folgender Weise:

Man läßt den Drehkörper langsam rotieren und kuppelt dann aus, bzw. schaltet ab. Der Zeiger geht zurück. Sobald seine Bewegung genügend langsam geworden ist, wird eine Stoppuhr in Gang gesetzt und der in diesem Zeitmoment erscheinende Skalenwert notiert. Die Stoppuhr wird nun weiter beobachtet und alle 5 oder 10 sec der Skalenwert abgelesen und notiert. Auf diese Weise wird eine Zeit-Skalenwert-Tabelle erhalten. Wenn keine Plastizität (s. u.) vorliegt, geht die Anzeige schließlich auf etwa 0 zurück und der Entspannungsvorgang ist beendet.

Der Anfangs-Skalenwert kann übrigens auch dadurch erzeugt werden, daß man von Hand aus die Drehkörper-Achse bis zum gewünschten Anfangs-Skalenwert verdreht.

Aus der Zeit-Skalenwert-Tabelle werden die Schubspannungen und Schergefälle wie folgt berechnet:

Die Zeitintervalle seien Δt (also z. B. 5 Sekunden); das jeweilige Skalenwert-Intervall sei ΔS.

Dann gilt für die jeweilige Schubspannung:

$$\tau = \frac{S_1 + S_2}{2} \cdot A = S \text{ (Mittel)} \cdot A \qquad (26)$$

und es gilt für das zugehörige Schergefälle D beim VISCOTESTER:

$$D = \frac{\Delta S}{\Delta t} \cdot B \cdot 0{,}00146 \qquad (27)$$

Auf diese Weise können also weitere Punkte der Fließ- oder Viskositätskurve berechnet werden, die naturgemäß vor allem im unteren Bereich der Schubspannungen und Schergefälle liegen.

Für betriebliche Serienmessungen, bei denen es lediglich auf Relativwerte und nicht auf Absolutwerte (exakte Fließkurvenpunkte) ankommt, kann man vereinfacht den Entspannungsversuch auch in der Weise durchführen, daß man die Entspannungszeit von einem vorgegebenen Anfangs-Skalenwert, z. B. 30, bis zu einem vorgegebenen End-Skalenwert, z. B. 5, stoppt. Diese Zeit ist dann ein relatives Maß für die Größe der durchschnittlichen Viskosität in dem unteren Schubspannungs- und Schergefällebereich.

9. Messung von Anlaufeffekten

Unter diesem Begriff versteht man das rheologische Verhalten von Substanzen in den ersten Augenblicken nach Beginn einer Scherbeanspruchung. Die hier in Betracht kommenden Zeiten liegen etwa in der Größenordnung von 10^{-2} bis 1 Sekunde. Die Kenntnis des Anlaufverhaltens kann für die Strukturaufklärung bedeutsam sein. Es ist beispielsweise einzusehen, daß in der Lösung eines Hochpolymeren eine endliche Zeit für das Umklappen der Makromoleküle in Strömungsrichtung, also für die Einstellung der Viskosität, erforderlich ist. Anlaufeffekte interessieren insbesondere aber bei thixotropen Substanzen (s. unten).

Wegen der kurzen Meßzeiten kommen in erster Linie registrierende elektrische Meßverfahren in Frage, daher scheidet der VISCO-TESTER für derartige Untersuchungen aus. Die kurzen Meßzeiten bedingen beim ROTOVISKO vom normalen abweichende Meßmethoden. Eine geeignete Methode ist hier der Entspannungsversuch in entsprechender Ausgestaltung. Der Grundgedanke ist folgender: Der Drehkörper wird zunächst von einer Arretierungsvorrichtung festgehalten. Die gespannte Meßfeder im Meßkopf wirkt nach Lösen der Arretierung plötzlich auf den Drehkörper ein und erzeugt in der Substanz eine Schubspannung. Der Drehkörper beginnt sich zu drehen, wobei seine Drehgeschwindigkeit wesentlich auch von den rheologischen Eigenschaften abhängt. Erst die Bewegungsvorgänge nach der Beschleunigungsphase des Drehkörpers sind für die Messung von Anlaufvorgängen bequem nutzbar. Durch die Drehkörperbewegung entspannt sich die Meßfeder. Dem Drehkörperweg entspricht ein Skalenwert-Abfall, der auf elektrischem Wege trägheitslos registriert wird. Man beschränkt die Messung auf so kurze Wege, daß die Federspannung und damit die Schubspannung als im wesentlichen konstant bleibend betrachtet werden können (Abfall höchstens 10 %). Durch graphische Differentiation der Weg-Zeitkurve erhält man dann das Schergefälle in den ersten Augenblicken der Einwirkung der Schubspannung.

Im einzelnen wird das Verfahren wie folgt durchgeführt:
Zur Anwendung können alle Meßköpfe und Meßeinrichtungen gelangen. Es wird jedoch stets ein Zwischengetriebe (ZG 10 oder ZG 100) verwendet. Weiterhin ist eine geeignete Arretierungs-

vorrichtung erforderlich. Die Registrierung geschieht am zweckmäßigsten mit einem Schnellschreiber oder mit einem registrierenden Oszillographen, die mit den Schreiberbuchsen im Schaltpult verbunden werden. Die Meßspannung beträgt max. 28 Volt, der Innenwiderstand des angeschlossenen Gerätes sollte größer als 80 kΩ sein. Wenn die Anlaufvorgänge nur in der Größenordnung von Sekunden interessieren, so kann auch ein normaler Schreiber Verwendung finden. Endlich muß der Dämpfungskondensator von 2 x 16 μF, der sich innerhalb des Schaltpultes befindet, aus der Schaltung herausgenommen werden. Das geschieht bei älteren Geräten durch Ablöten der Verbindungsdrähte nach Öffnen des Schaltpultes. Bei neueren Geräten (ab Fabrikationsnummer 62 000) wird dazu lediglich der an der Bodenplatte befindliche Schalter auf „rot" gelegt.
Zunächst wird nun durch eine Art Eichvorgang eine Apparatekonstante

$$H = \frac{T}{U \cdot S\,\text{max.}} \qquad (28)$$

bestimmt, die den Zusammenhang zwischen Skalenwert und Winkelweg angibt. T ist dabei die Zeit, die die Anzeige braucht, um bei einem vorgegebenen U vom Skalenwert S = 0 bis zum maximalen Skalenwert des Registrierinstrumentes zu wandern bei arretiertem Drehkörper. Die Bestimmung erfolgt mit einer Stoppuhr und mit aufgeschraubtem Zwischengetriebe. Als U wird ein solches über 540 gewählt, H liegt bei etwa 0,0003. Die Bestimmung von H braucht bei jedem Meßkopf und Registrierinstrument nur einmal durchgeführt zu werden.
Die Arretierungsvorrichtung wird an dem Schaft des Temperiergefäßes (Couette-Meßeinrichtung) oder der Plattenführung (PK-Meßeinrichtung) festgeschraubt.
Die Schreiberkurve wird an den interessierenden Stellen graphisch differenziert, woraus Differenzenquotienten $\Delta S / \Delta T$ resultieren. Für das Schergefälle gilt dann:

$$D = B \cdot H \frac{\Delta S}{\Delta T} \qquad (29)$$

Die Schubspannung ergibt sich auch hier mit $\tau = A \cdot S$. Auf diese Weise wird also das Anlaufverhalten einer Substanz ermittelt.
Wichtig ist noch die Zeitdauer T_B der Beschleunigungsphase des

Drehkörpers, innerhalb der keine rheologischen Auswertungen erfolgen können. T_B hängt von der Viskosität der Substanz und dem Drehkörper ab und ergibt sich anhand folgender Tabelle.

Drehkörper	$\eta \cdot T_B$
MV I (Kunststoff)	40
MV II (Kunststoff)	100
SV I	200
SV II	500
PK I	30
PK II	70

Beispiele: Gemessen wurde mit MV I; die Viskosität war etwa 4000 cP. Aus der Gleichung $\eta \cdot T_B = 40$ ergibt sich die Dauer der Beschleunigungsphase zu 0,01 s. Nach dieser Zeit können also die Kurvendaten ausgewertet werden.
Oft interessiert das Studium von Anlaufeffekten innerhalb von 0,2 bis 2 Sekunden nach Beginn der Scherbeanspruchung. In solchen Fällen genügt ein einfacheres Meßverfahren, das lediglich eine Modifikation der normalen Methode darstellt. Diese Messungen werden bei „Fein-Stellung" des Schalters im Schaltpult durchgeführt. Die Einstellzeiten werden dadurch auf den 4. Teil reduziert. Da das maximale Drehmoment dadurch ebenfalls geviertelt wird, müssen diese Messungen mit entsprechend kleineren Drehkörpern durchgeführt werden (z. B. SV I anstelle von MV II). Beim Doppelmeßkopf wird dann bei Schalterstellung „500" das untere Meßsystem 50 mechanisch arretiert. Weiterhin wird mit dem Zwischengetriebe ZG 10 oder ZG 100 gearbeitet, um die Eigentorsion der biegsamen Welle zu eliminieren. Es empfiehlt sich auch hier die Verwendung eines Schnellschreibers oder dgl. (max. Meßspannung 7 Volt). Endlich sollte der Dämpfungskondensator im Schaltpult eliminiert werden; bei neueren Geräten (ab Nr. 62 000) geschieht das bequem durch Umlegen des Schalters an der Bodenplatte auf „rot". Mit dieser Meßmethodik ergeben sich Einstellzeiten von ca. 0,2 Sekunden bei Umdrehungszahlen über 20 U/min. Bei kleineren Umdrehungszahlen wachsen diese Einstellzeiten, z. B. auf etwa 2,5 s bei 2 U/min.
Die Eigenfrequenz des Systems Meßkopf 500-Drehkörper liegt, je nach Drehkörper, zwischen 5 und 10 Hz.

10. Dilatante Substanzen

Eine weitere Fließanomalie ist die Erscheinung der Dilatanz. Dilatante Substanzen werden durch nach obengekrümmte Fließkurven charakterisiert (Bild 3 der Kurventafel). Entsprechend steigt hier die Viskosität mit zunehmender Scherbeanspruchung (Bild 4). Das Erscheinungsbild ist also dem der strukturviskosen Substanz entgegengesetzt. Dilatanz ist eine nur selten auftretende Erscheinung. Polyvinylchlorid-Pasten, Silicone und hochkonzentrierte Suspensionen zeigen mitunter Dilatanz.

Dilatanz äußert sich beim ROTOVISKO und VISCOTESTER zunächst darin, daß beim Umschalten des Getriebes auf die nächstschnellere Getriebestufe der Skalenwert stärker als proportional steigt. Die Meßtechnik zur Aufnahme von Fließ- und Viskositätskurven entspricht im übrigen derjenigen bei strukturviskosen Flüssigkeiten.

11. Plastische Substanzen-Fließgrenze

Eine andere häufig auftretende Fließanomalie ist die Plastizität. Eine plastische Substanz ist eine solche, die sich bei kleinen Schubspannungen wie ein fester Körper verhält, also nur elastische Deformationen erleidet, sich aber nicht bleibend verformt. Erst von einer kritischen Schubspannung τ_0 an beginnt die Substanz zu fließen. Diese kritische Schubspannung heißt Fließgrenze. Plastische Substanzen sind also keine Flüssigkeiten (s. auch Abschnitt „Grundlagen").

Hingegen sind alle festen Stoffe in rheologischem Sinne plastische Substanzen (z. B. auch Stahl).

Die Fließkurve einer plastischen Substanz beginnt also nicht im 0-Punkt, sondern im Punkt τ_0 auf der Abszisse. Die Viskositätskurve geht im Punkt $\tau = \tau_0$ gegen unendlich große Viskositäten: der feste Körper hat natürlich eine unendlich große Viskosität (Bilder 5 und 6 der Kurventafel).

Die Fließkurven plastischer Substanzen sind fast immer gekrümmt, wie in Bild 5 der Kurventafel dargestellt.

In seltenen Fällen ist die Fließkurve plastischer Substanzen eine Gerade. Solche Substanzen werden auch Bingham-Körper (bzw. „idealplastisch") genannt. In der historischen Entwicklung der Rheologie hat dieser Begriff eine Zeitlang unberechtigterweise erhebliche Bedeutung gehabt. Das Fließgesetz von Bingham-Körpern genügt der Gleichung:

$$\boxed{D = \frac{\tau - \tau_0}{\eta'}} \qquad (30)$$

wobei η' „plastische Viskosität" genannt wird und dem Cotangens des Winkels der Fließkurve mit der Abszisse entspricht. In der älteren Literatur wird auf diese Dinge häufig eingegangen.

Beispiele für plastische Substanzen sind:

Zahnpasta, Creme, Kuvertüre, Gallerte, Schmierfett. Eine Fließgrenze entsteht fast immer, sobald der Feststoffgehalt einer Suspension ein gewisses Maß übersteigt. Sie ist die Folge eines Gerüstaufbaues in der Substanz, der durch Anziehungskräfte zwischen den Feststoffpartikeln entstehen kann. Zugabe von oberflächenaktiven Stoffen kann dann die Fließgrenze vermindern oder ihr Entstehen ganz verhindern. Andererseits läßt sich durch Zusatz gerüstaufbauender Stoffe (z. B. kolloidale Kieselsäure „Aerosil", Agar-Agar) eine Fließgrenze bilden.

Sehr wesentlich ist der Hinweis, daß bei solchen Substanzen, die Mehrphasensysteme sind, z. B. bei Suspensionen, auch bei Vorhandensein einer Fließgrenze ein scheinbarer Fließvorgang im Rotationsviskosimeter stattfinden kann bei Schubspannungen, die kleiner als die Fließgrenze sind. Bei dem weiter unten beschriebenen Entspannungsversuch zur Messung der Fließgrenze äußert sich das darin, daß die Anzeige sehr langsam auf immer kleinere Werte bis schließlich auf ca. 0 zurückgeht. Dieser Vorgang wird mitunter auch als „Blockfließen" bezeichnet. Er ist die Folge eines Gleiteffektes an den glatten Zylinderwandungen, der durch die flüssige Phase hervorgerufen wird. Eine die Zylinderwandungen benetzende sehr dünne Schicht aus flüssiger Phase wirkt nämlich dann wie ein Schmierfilm. Dieser Gleiteffekt wird verhindert bei Verwendung der profilierten Meßeinrichtungen MV II P und SV II P. Mit diesen Meßeinrichtungen kann die Fließgrenze also exakt gemessen werden. Darauf wird in den Veröffentlichungen (7) und (13) ausführlich eingegangen. Weiterhin wird der Gleiteffekt bei Verwendung des Flügeldrehkörpers SV II Fl, oder der Einhängeflügeldrehkörper Fl unterdrückt, so daß auch hiermit genauere Fließgrenzenbestimmungen möglich sind.

Bei der Messung plastischer Substanzen im Rotationsviskosimeter muß der im Abschnitt 2 behandelte Verlauf der Schubspannung im Meßspalt beachtet werden. Es wurde gezeigt, daß die Schubspannung am Innenzylinder stets größer als am Außenzylinder ist. Bei einer plastischen Substanz kann es nun vorkommen, daß die Schubspannung am Innenzylinder etwas größer als die Fließgrenze ist, so daß ein Fließvorgang stattfindet, daß sie aber zugleich am Außenzylinder kleiner als τ_0 ist. Dann verbleibt am Außenzylinder ein fester Substanzring, der nicht geschert wird. Dieser Substanzring wirkt also so, als ob sich die Dimensionen der Couette-Einrichtung verändert hätten. Die so erhaltenen Meßergebnisse können also nicht verwertet werden. Die Schubspannung am Innenzylinder, von der ab ein ungescherter Substanzring im Meßspalt verbleibt, sei τ_k. Ihre Größe hängt ab von der Fließgrenze und dem Radienverhältnis:

$$\tau_k = \frac{R_a^2}{R_i^2} \cdot \tau_0 \qquad (31)$$

Bei Messungen an plastischen Substanzen darf also die gemessene Schubspannung nicht kleiner als τ_k werden, um ausgewertet werden zu können. (Eine Ausnahme bildet der unten beschriebene Entspannungsversuch zur direkten Messung der Fließgrenze, bei dem die Schubspannung am Innenzylinder schließlich $= \tau_0$ wird.) Auch hier sind also die Verhältnisse um so günstiger, je näher das Radienverhältnis an 1 kommt.

Die Meßtechnik plastischer Substanzen wird in den Veröffentlichungen (7) und (13) ausführlich behandelt.

Messung plastischer Substanzen mit dem ROTOVISKO

Plastisches Verhalten einer Substanz macht sich beim ROTOVISKO in folgender Weise bemerkbar:

Man läßt den Drehkörper bei einer kleinen oder mittelgroßen Drehgeschwindigkeit rotieren, dann wird ausgekuppelt. Der Zeiger geht zurück auf abnehmende Werte (also wie bei der Entspannungsmessung). Sofern die Substanz eine Fließgrenze hat, geht der Zeiger nicht bis auf 0 zurück, sondern bleibt nach 30 bis 100 sec auf einem Skalenwert > 0 stehen. Dieser Skalenwert resultiert aus dem Gleichgewicht zwischen dem Drehmoment der Meßfeder und dem von der Fließgrenze herrührenden Drehmoment. Die Federkraft kann dann also gegen die Wirkung der Fließgrenze den Drehkörper nicht noch weiter zurückdrehen. Übrigens kann die anfängliche Verdrillung der Meßfeder auch ohne Einschalten des Getriebeganges dadurch bewirkt werden, daß an der Drehkörperachse von Hand aus gedreht wird.

Der sich nach 30 bis 100 Sekunden Entspannungszeit einstellende stationäre Skalenwert S_0 ergibt nach Multiplikation mit dem Schubfaktor A die Fließgrenze τ_0 der Substanz:

$$\tau_0 = A \cdot S_0 \, [\text{dyn} \cdot \text{cm}^{-2}] \tag{32}$$

Fließgrenzen können mit dem ROTOVISKO auch ohne jede vorherige Scherbeanspruchung gemessen werden; das ist besonders wesentlich bei Thixotropie (siehe Abschnitt 12).

Um den thixotropen Abbau der Substanz bei der Füllung der Meßeinrichtung zu verringern, empfiehlt sich dabei die Verwendung eines Flügeldrehkörpers (z. B. SV II Fl).

Eine noch genauere Fließgrenzenbestimmung ermöglicht folgendes Meßverfahren:

Man verwendet ein 50 cmp Meßkopfsystem, es sei denn die Fließgrenze liegt hierfür zu hoch. Nach dem Temperieren entfernt man den Schraubverschluß der Temperiereinrichtung und verdreht von Hand den Meßbecher. Hierbei wird der Drehkörper solange von der Substanz mitgenommen, bis die Federspannung im Meßkopf der Fließgrenze entspricht. Nach einer kleinen Verdrehung des Meßbechers wartet man jeweils einige Sekunden, um zu beobachten, ob der Anzeigewert wieder zurückgeht. Die wahre Fließgrenze liegt dann zwischen dem zuletzt gefundenen Maximalanzeigewert und dem Anzeigewert auf den der Zeiger zurückgeht. Diese Methode ist so empfindlich, daß man den Fließbeginn durch das einsetzende Kriechen der Substanz (Anzeige) genau beobachten kann. Erschütterungen der Meßeinrichtung müssen vermieden werden. Diese erzeugen zusätzliche Spannungen, so daß hierdurch die Fließgrenze niedriger erscheint.

Das beschriebene Meßverfahren hat den Vorzug, daß man im Anschluß sofort unter hohen Schergefällen eine Fließkurve aufnehmen kann. Unter der Verwendung eines Zwischengetriebes ZG 100 oder ZG 10 kann die Fließgrenze auch auf folgende Weise abgewandelt gemessen werden:

Es wird ein langsamer Getriebegang eingeschaltet. Der Zeiger geht langsam auf wachsende Skalenwerte. Nachdem der Zeiger einen kleinen Skalenwert erreicht hat, wird wieder ausgekuppelt und es wird beobachtet, ob der Zeiger zurückgeht oder stehenbleibt. Falls der Zeiger stehenbleibt, wird wieder eingekuppelt, so daß der Zeiger um einige weitere Skalenteile steigt. So wird fortgefahren, bis schließlich der Zeiger nach Auskuppeln zurückgeht. Der sich dann einstellende Skalenwert ist die Fließgrenze der Substanz ohne vorherige Scherbeanspruchung, da der Drehkörper sich bei diesem Meßverfahren praktisch nicht gedreht hat.

Sehr elegant kann die Fließgrenze ohne vorherige Scherbeanspruchung auch durch Verwendung eines Schreibers bestimmt werden. Es wird ebenfalls ein langsamer Getriebegang eingeschaltet. Die Registrierkurve beginnt von der Geradlinigkeit abzuweichen, wenn die Fließgrenze überschritten wird.

Messung plastischer Substanzen mit dem VISCOTESTER

Plastisches Verhalten einer Substanz macht sich im VISCOTESTER in folgender Weise bemerkbar.

Man läßt den Drehkörper bei Drehzahl 4 (bzw. 16 beim Frequenzwandler) rotieren, dann wird abgeschaltet. Die Skala geht zurück auf abnehmende Werte (also wie bei der Entspannungsmessung). Sofern die Substanz eine Fließgrenze hat, also plastisches Verhalten zeigt, geht die Skala nicht bis auf nahezu 0 (wegen der Blindreibung etwa Skalenwert 1 — 2) zurück, sondern bleibt nach 30 bis 100 Sekunden auf einem größeren Skalenwert stehen. Dieser Skalenwert resultiert aus dem Gleichgewicht zwischen dem Drehmoment der Meßfeder und dem von der Fließgrenze herrührenden Drehmoment. Die Federkraft kann dann also gegen die Wirkung der Fließgrenze den Drehkörper nicht noch weiter zurückdrehen. Bei kleiner Fließgrenze der Meßsubstanz muß eine etwas andere Meßtechnik angewendet werden, da sonst durch das Trägheitsmoment des Drehsystems die Skala trotz Vorhandensein der Fließgrenze auf ca. 0 zurückgeht. Hier ist nämlich zweckmäßig, bei abgeschaltetem Motor den Meßbecher oder das Becherglas (bei einhängenden Flügeldrehkörpern) mit dazwischenliegenden Beobachtungspausen langsam zu drehen. Die Fließgrenze ist dann ablesbar, wenn nach einer kleinen

Verdrehung des Bechers ein Rückgang des Anzeigewertes erkennbar ist. Bei dieser Methode wird die Substanz nicht thixotrop abgebaut (siehe auch Abschnitt 12).

Dieses zuletzt beschriebene Verfahren wird also zweckmäßigerweise immer dann angewendet, wenn eine Substanz nicht ersichtlich eine hohe Fließgrenze hat (wie z. B. eine Creme), sondern eine Fließgrenze zunächst lediglich vermutet wird (z. B. weil sich Luftblasen in der Substanz halten).

Der sich nach 30 bis 100 Sekunden Entspannungszeit einstellende Skalenwert S_0 ergibt nach Multiplikation mit dem Schubfaktor A die Fließgrenze τ_0 der Substanz:

$$\tau_0 = A \cdot S_0 \; [dyn \cdot cm^{-2}] \quad (33)$$

(Für eine genaue Fließgrenzenbestimmung ist es übrigens empfehlenswert, den Blindreibungs-Skalenwert, also 1—2, den man bei Entspannung in einer Newtonschen Substanz findet, zunächst von S_0 abzuziehen, um erst dann mit A zu multiplizieren.)

Die in Abschnitt 8 beschriebene Entspannungsmessung zur Bestimmung von Kurvenpunkten kann natürlich auch bei Vorliegen einer plastischen Substanz durchgeführt werden, nur geht die Skala dann nicht bis auf 0, sondern nur bis auf S_0 zurück.

12. Thixotrope und rheopexe Substanzen

Mit Thixotropie bzw. Rheopexie bezeichnet man die Erscheinung, daß die Viskosität einer Substanz abnimmt bzw. zunimmt unter der zeitlichen Einwirkung einer Scherbeanspruchung (z. B. Rühren). Nach einiger Zeit der Ruhe nehmen viele Substanzen ihre ursprüngliche Viskosität wieder an, sie regenerieren sich. Bei einer thixotropen Substanz heißt der höherviskose Ruhezustand „Gel-Zustand", der niedrigerviskose Bewegungszustand heißt „Sol-Zustand".

So taucht nun also auch die Zeit als Einflußgröße auf, während bei den obenaufgeführten Anomalien die Zeit (grob betrachtet) keine Rolle spielte, da sich z. B. bei einer strukturviskosen Substanz der niedrigerviskose Zustand bei Anlegen einer höheren Scherbeanspruchung praktisch sofort einstellt.

Der so definierte Unterschied zwischen strukturviskosen und thixotropen Substanzen ist jedoch nicht unbedingt prinzipieller bzw. qualitativer Natur. Es wurde ja schon im Kapitel „Anlaufeffekte" ausgeführt, daß auch bei strukturviskosen Substanzen eine kleine aber endliche Zeit bis zur Einstellung der Viskosität vergehen kann. Der Unterschied ist also eigentlich nur quantitativer Natur dergestalt, daß bei thixotropen Substanzen die Einstellzeiten um mehrere Größenordnungen größer sind.

Thixotrope Substanzen treten auch im täglichen Leben in großer Zahl auf (z. B. Stärkekleister, Gelatine-Lösung). Rheopexe Substanzen sind weitaus seltener, daher soll im folgenden nur von der Thixotropie die Rede sein. Rheopexie ist durch das umgekehrte Verhalten gekennzeichnet.

Eine thixotrope Substanz hat zunächst, also vor jeder Scherbeanspruchung (Gel-Zustand), eine gewisse Anfangs-Viskosität, auch eine Anfangs-Fließgrenze bei Plastizität. Durch stationäre Scherbeanspruchung sinkt die Viskosität im Laufe der Zeit und erreicht schließlich eine End-Viskosität (Sol-Zustand), die sich durch noch längeres Scheren nicht mehr ändert. Nach der Regenerationszeit hat die Viskosität (und evtl. die Fließgrenze) ihren alten Wert wieder erreicht. Fast immer ist Thixotropie gepaart mit Strukturviskosität und Plastizität. Die Ursache der Thixotropie ist ein Gerüstaufbau in der Substanz infolge von Anziehungskräften zwischen den Teilchen. Thixotropie kann daher unterdrückt werden durch Zusatz oberflächenaktiver Stoffe. Thixotropie kann erzeugt werden durch Zusatz von Metallseifen, Betonen und von Gelkyd. Durch die zeitliche Einwirkung der Scherbewegung wird der Gerüstaufbau allmählich zerstört, so daß die Viskosität sinkt. Der Grad der Gerüstzerstörung hängt ab von der Größe des zerstörenden Schergefälles und der Größe der aufbauenden substanzeigenen Kräfte. Nach längerer Scherdauer stellt sich schließlich ein Gleichgewichtszustand ein: der Endwert. Der thixotrope Endwert der Viskosität hängt also vom Schergefälle (bzw. von der Schubspannung) ab, was vielfach übersehen wird. (Im Endwert- oder Gleichgewichtszustand ist die Substanz also strukturviskos.) Der thixotrope Anfangswert der Viskosität ist gegeben durch das nach langer Ruhezeit plötzlich angelegte Schergefälle und die dann im ersten Zeitmoment resultierende Schubspannung. Dieser Anfangswert der Viskosität ist ebenfalls abhängig vom Schergefälle (Strukturviskosität). Die Viskosität einer thixotropen Substanz ist also eine Funktion von 2 Variablen, nämlich der Zeit und des Schergefälles, bzw. der Schubspannung. Fließ- und Viskositätskurven haben dann das in den Bildern 7 und 8 der Kurventafel dargestellte Aussehen. Die rechten bzw. oberen Kurvenzweige stellen die Anfangswerte, die linken bzw. unteren Kurvenzweige die Endwerte dar.

Die waagerechten bzw. senkrechten Entfernungen zwischen Anfangs- und Endwerten sind ein Maß für den „thixotropen Zusammenbruch". Man kann auch noch die Scherzeiten eintragen, die erforderlich sind, um die Substanz vom Anfangswert zum Endwert abzubauen (Größenordnung meistens Minuten, zuweilen aber auch Sekunden oder Stunden).

Besser ist es noch, die Halbwertszeiten des thixotropen Zusammenbruchs zu bestimmen und anzugeben. Die Halbwertszeit ist diejenige Zeit, innerhalb der die Viskosität um die Hälfte des Gesamtzusammenbruchs geringer wurde, also in der Viskosität um den Betrag

$$\frac{\text{Anfangswert} - \text{Endwert}}{2}$$

absank. Durch die Angabe des Quotienten Anfangsviskosität:Endviskosität und der Halbwertszeit wird also der thixotrope Zusammenbruch einer Substanz charakterisiert. Diese Größen sind im allgemeinen aber auch noch vom Schergefälle abhängig.

Die Anfangs-Fließgrenze ist diejenige Fließgrenze, die die thixotrope Substanz im Gel-Zustand (nach längerer Ruhezeit) aufweist. Sie entsteht durch den Gerüstaufbau in der Substanz infolge von Anziehungskräften zwischen den Partikeln. Die End-Fließgrenze ist an sich nicht streng definierbar, da die End-Werte ja definitionsgemäß als Gleichgewichtswerte an eine von 0 verschiedene Scherbewegung gebunden sind, aber in der Fließgrenze $D = 0$ sein sollen. Als End-Fließgrenze könnte man dann gemäß Übereinkunft diejenige bezeichnen, die man unmittelbar nach Erreichen eines End-Wertes mißt. Auf diese Weise würde also zu jedem End-Wert eine bestimmte End-Fließgrenze gehören. Die Kurvendarstellung würde dann aber recht unübersichtlich. Nur in speziellen Fällen wird man daher so vorgehen. (Im allgemeinen wird man als End-Fließgrenze diejenige bezeichnen und eintragen, die man nach Erreichen des höchsten End-Wertes mißt. So ist auch die Kurve in Bild 7 aufzufassen.)

Thixotropen Substanzen wohnen gerüstaufbauende Kräfte inne, die zu einer erneuten Viskositätserhöhung nach vorherigem stärkeren Rühren führen. Die Substanzen regenerieren also. Der thixotrope Aufbau wird durch die Regenerationszeit bzw. durch die Regenerationshalbwertszeit charakterisiert. Innerhalb der Regenerationszeit geht (nach vorherigem größeren Schergefälle, das das Gerüst stärker zerstörte) die Viskosität von einem zunächst niedrigen zu einem höheren, dann konstant bleibenden Wert über. Man kann also bei einer thixotropen Substanz durch Anlegen eines hohen Schergefälles zunächst den thixotropen Zusammenbruch und anschließend durch Anlegen eines niedrigeren Schergefälles (bzw. Ruhe, also Schergefälle 0) die thixotrope Regeneration bestimmen. Das Regenerationsverhalten ist auch von erheblichem praktischen Interesse, z. B. bei Anstrichmitteln.

Hystereseverfahren

Das exakte Verfahren zur Messung der Thixotropie ist, da man stets von ausgeruhten Substanzen ausgehen muß, sehr zeitraubend.

Daher wendet man, vor allem in der industriellen Praxis, vielfach das sogenannte Hystereseverfahren an. Das geschieht folgendermaßen:

Man stellt eine kleine Drehgeschwindigkeit ein, liest den höchsten sich ergebenden Skalenwert ab, notiert und stellt nach einer vorgegebenen Zeit, z. B. 10 sec., die nächsthöhere Drehgeschwindigkeit ein. Abermals wird der höchste, sich ergebende Skalenwert abgelesen und notiert. So wird sukzessive fortgefahren, wobei man jedesmal z. B. 10 sec. lang rotieren läßt. Schließlich wird eine maximale Drehgeschwindigkeit erreicht. Anschließend geht man sukzessive wieder zu niedrigeren Drehgeschwindigkeiten über, wobei man in der gleichen Weise verfährt. Die nun erhaltenen Skalenwerte sind kleiner als beim „Herauffahren", da inzwischen die thixotrope Substanz abgebaut wurde. Auf diese Weise erhält man eine Art Hysterese-Kurve. Der Inhalt der eingeschlossenen Fläche ist ein relatives Maß für den Grad der Thixotropie. Er hängt auch von dem erreichten maximalen Schergefälle und der Länge der Verweilzeiten bei jedem Schergefälle ab. Bild 9 der Kurventafel zeigt eine solche Hysterese-Kurve. Hier sind auch noch die beiden Fließgrenzen mit eingezeichnet, da vor Beginn des eigentlichen Hystereseverfahrens die Anfangs-Fließgrenze auf die oben beschriebene Weise gemessen werden kann. Die End-Fließgrenze ermittelt man hier einfach so, daß nach Erreichen der kleinsten Drehgeschwindigkeit beim „Hinunterfahren" der Antrieb abgeschaltet und die sich dann schließlich einstellende Zeigereinstellung notiert wird.

Bei stark ausgeprägter Thixotropie und großer Anfangs-Fließgrenze (Beispiel: Gallerten) kann die Hysteresekurve auch das in Bild 10 der Kurventafel dargestellte Aussehen haben. Hier liegen bei kleineren Schergefällen also zunächst kleinere Schubspannungen vor als die Anfangs-Fließgrenze, da die Substanzstruktur durch die Messung sofort weitgehend zerstört wird. Erst bei höheren Schergefällen biegt der Kurvenast wieder nach rechts um. Dies ist zugleich eine gute Demonstration dafür, daß beim Hystereseverfahren keine echten Anfangs-Werte erhalten werden. Das Hystereseverfahren wird in der Veröffentlichung (2) ausführlich behandelt.

Die Reproduzierbarkeit der Messungen an thixotropen Substanzen ist vielfach nicht gut, da die Vorgeschichte der Scherbeanspruchung ja stets eingeht, wenn die Substanz vor der Messung nicht genügend lange geruht hat. In der industriellen Praxis kann dann vielfach dadurch bessere Übereinstimmung erzielt werden, daß man die Substanzen unmittelbar vor der Messung eine bestimmte Zeitlang einem definierten Schergefälle aussetzt, indem eine vorgegebene Drehgeschwindigkeit z. B. 1 min. lang eingestellt wird. Dadurch werden die zunächst unterschiedlichen Vorgeschichten vereinheitlicht. Anschließend wird bis zum Beginn der eigentlichen Messung eine vorgegebene Zeitlang gewartet. Natürlich können auf diese Weise keine exakten Anfangs-Werte gemessen werden.

Es soll noch darauf hingewiesen werden, daß es auch bei einigen Substanzen eine Art von thixotroper Erscheinung gibt, die jedoch irreversibel ist. Solche Substanzen regenerieren sich also nicht wieder nach einiger Zeit der Ruhe, sondern bleiben niedrigviskos. Ein Beispiel für diese nichtreversible Thixotropie ist Joghurt. Andere Substanzen regenerieren nur einen Bruchteil des erfolgten Abbaus.

Messung thixotroper Substanzen mit dem ROTOVISKO

Bei der Messung mit dem Rotovisko äußert sich thixotropes Stoffverhalten zunächst darin, daß der Zeiger nach Einschalten des Getriebeganges auf einen maximalen Skalenwert geht, aber dann mehr oder weniger schnell absinkt. Nach längerer Scherdauer ist dann schließlich der angezeigte Skalenwert konstant. (Bei rheopexem Verhalten geht der Zeiger entsprechend auf einen höheren Skalenwert.)

Wenn man thixotrope Stoffe mit dem ROTOVISKO wissenschaftlich exakt messen will, so müssen also exakte Anfangs- und End-Werte bestimmt werden. Die exakte Messung von Anfangswerten ist zeitraubend, da ja die Substanz vor jeder Messung genügend lange geruht haben muß. Man muß also eventuell jedesmal neu einfüllen. Die Messungen erfolgen dann in der Weise, daß zunächst die Anfangs-Fließgrenze festgestellt wird (s. Abschnitt 11 „Plastische Substanzen", Messung ohne vorherige Scherbeanspruchung).

Da thixotrope Substanzen vielfach zum Gleiten neigen, ist oftmals die Verwendung profilierter Meßeinrichtungen vorzuziehen, mit denen auch die anderen Kurvenpunkte bestimmt werden können. Thixotrope Anfangs-Fließgrenzen lassen sich besonders mit den Flügeldrehkörpern gut messen, deren Verwendung insbesondere bei sehr scherempfindlichen Substanzen (z. B. Gallerten) und bei Reihenmessungen angezeigt ist. Man kann dann die Substanz in eine Anzahl von Gefäßen, z. B. Bechergläsern, abfüllen und nach vorgegebenen Ruhezeiten durch Eintauchen des Flügeldrehkörpers messen. Dann wird anschließend unter Einschalten von Beobachtungspausen das Gefäß langsam gedreht und der maximale Skalenwert notiert (Fließgrenze). Man läßt dann mit der kleinsten verfügbaren Drehgeschwindigkeit rotieren und notiert den höchsten Skalenwert (Anfangswert). Weiterhin notiert man den sich nach einiger Zeit endgültig einstellenden Skalenwert (Endwert). Vor dem Einstellen der nächsten Drehgeschwindigkeit wird dann entweder neu gefüllt, oder es wird die Regenerationszeit der Substanz abgewartet. (Da die Regenerationszeit der Substanz vielfach unbekannt ist, muß ihre Größe wenigstens annähernd vorher einmal bestimmt werden. Dazu läßt man bei einer mittleren Drehgeschwindigkeit bis zum Endwert rotieren, schaltet ab und untersucht nach gewisser Zeit, ob der Anfangswert nach erneutem Einschalten wieder erreicht wird.) So werden also Anfangs- und Endwerte erhalten, die die beiden Kurvenzüge der Bilder 7 bzw. 8 der Kurventafel ergeben.

Bei thixotropen Substanzen mit sehr kurzen Zusammenbruchszeiten findet man mit dem soeben beschriebenen Meßverfahren zu niedrige Anfangswerte, da während der Einstellung der Apparatur die Substanz bereits abgebaut wird. Um exakte Anfangswerte zu erhalten, muß dann eines der im Abschnitt 9 „Messung von Anlaufeffekten" beschriebenen Verfahren angewendet werden.

Um eine schnelle Übersicht über die Thixotropie einer Substanz zu erhalten, geht man zweckmäßigerweise so vor, daß man die ausgeruhte Substanz einem hohen Schergefälle aussetzt und so den thixotropen Zusammenbruch bestimmt. Sofort anschließend wendet man ein kleines Schergefälle an und ermittelt die thixotrope Regeneration.

Für industrielle Zwecke wird man natürlich auch das Hysterese-Verfahren durchführen (s. oben).

Messung thixotroper Substanzen mit dem VISCOTESTER

Die Messung mit dem VT erfolgt in der Weise, daß zunächst die höhere Tourenzahl eingestellt und der höchste sich ergebende Skalenwert abgelesen wird. Der Skalenwertausschlag geht nun zurück, da die Substanz durch die Scherbewegung thixotrop abgebaut wird. Evtl. schreibt man alle 10 oder 20 sec. die angezeigten Werte auf. Man läßt so lange rotieren, bis der Zeiger einen konstanten Wert anzeigt; das ist der Endwert. Aus diesen Ergebnissen kann man Daten über den thixotropen Zusammenbruch gewinnen. Anschließend schaltet man auf die niedrige Tourenzahl und notiert den niedrigsten sich ergebenden Skalenwert. Die Skalenwerte steigen langsam, da die Substanz sich nun regeneriert. Man kann auch hier alle 10 oder 20 sec. notieren. Schließlich ist der Skalenwert stationär. So erhält man Daten über die thixotrope Regeneration.

Bei Vorhandensein eines Frequenzwandlers kann mit dem VT auch nach dem Hystereseverfahren gemessen werden.

13. Beispiel der Messung einer thixotropen Substanz mit dem ROTOVISKO

Es wurde mit dem ROTOVISKO eine Druckfarbe bei 20 °C gemessen. Verwendung fanden der Doppelmeßkopf 500/50 und die Meßeinrichtung SV II profiliert. Gemessen wurde nach der Hysterese-Methode, einschließlich einer Fließgrenzenbestimmung. Nach dem Einfüllen der Substanz und Abwarten der Temperierzeit wurde mit der Messung der Anfangs-Fließgrenze begonnen. Dazu wurde der Meßkopf auf den 50-cmp-Bereich geschaltet. Dann wurde in Abständen kurzzeitig die niedrigste Drehgeschwindigkeit (U = 162) eingeschaltet und beobachtet, ob der Zeiger nach dem Auskuppeln wieder zurückging. Das war der Fall bei dem Skalenwert 60, der Zeiger ging dann auf 55 zurück, so daß also auf den 500-cmp-Bereich bezogen $S_0 = 5{,}5$ war. Anschließend wurden nach Umschaltung des Meßkopfes auf „500" sukzessive wachsende Drehgeschwindigkeiten jeweils 10 sec. lang eingestellt und die sich jeweils ergebenden höchsten Skalenwerte notiert. Es hätte keinen Zweck gehabt, über U = 6 hinauszugehen (S = 85), da der Zeiger dann möglicherweise über 100 gegangen wäre. Dann wurden sukzessive niedrigere Drehgeschwindigkeiten 10 sec. lang eingestellt und die sich jeweils ergebenden niedrigsten Skalenwerte notiert. Schließlich wurde der Getriebe-Schalthebel ausgekuppelt und beobachtet, auf welchen stationären Skalenwert der Zeiger zurückging; es ergab sich $S_0 = 2{,}2$, bzw. im 50-cmp-Bereich $S_0 = 22$. In der folgenden Tabelle sind die Fließgrenzen durch U = ∞ charakterisiert. Der Richtungssinn der Getriebeschaltung ist durch Pfeile gekennzeichnet.

U	S		τ		D
∞	5,5	2,2	1 500	600	0
162	14,3	6,5	3 890	1 770	3,46
81	20,3	10,3 ↑	5 530	2 800 ↑	6,9
54	25,8	13	7 030	3 540	10,4
27	↓ 41	22	↓ 11 200	6 000	20,8
18	50	29	13 800	7 900	31,2
9	76	54	20 700	14 700	62,2
6		85		23 200	93,5

Anhand der Tabelle wurde die Fließkurve gekennzeichnet (Abb.: Hysteresekurve einer thixotropen Substanz, gemessen mit dem ROTOVISKO). Die Druckfarbe war also strukturviskos, plastisch und thixotrop.

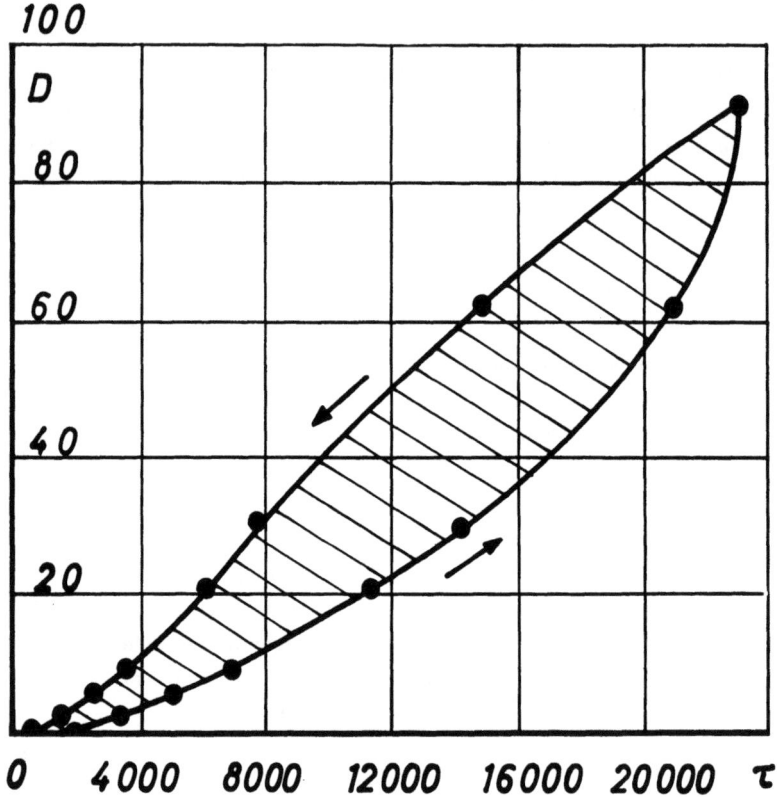

Hysteresekurve einer thixotropen Substanz,
gemessen mit dem Rotovisko.

14. Visko-elastische Substanzen

Es gibt Substanzen, zu deren hervorstechenden mechanischen Eigenschaften nicht nur ein viskoses, sondern zugleich auch ein elastisches Verhalten gehört. Auffällig ist dies bei Gallerten (Pudding, Gelatine) und konzentrierter Kautschuklösung. Auch konzentrierte Lösungen von hochpolymeren Kunststoffen sowie die reinen Kunststoffe selbst zeigen vielfach visko-elastisches Verhalten. Das mechanische Verhalten solcher Substanzen wird also nicht nur durch eine (im allgemeinen schergefälle- und zeitabhängige) Viskositätsgröße, sondern darüber hinaus auch durch einen (im allgemeinen spannungs- und zeitabhängigen) Schubmodul G charakterisiert.

Zunächst wird eine nur elastische Substanz betrachtet:

Der Schubmodul G gibt dann den Zusammenhang zwischen tangentialer Spannung (Schubspannung) und elastischer (d. h. reversibler) Winkelverformung an:

$$\text{Schubmodul } G = \frac{\tau}{\gamma} = \frac{\text{Schubspannung}}{\text{elastische Winkelschiebung}} \quad [\text{dyn} \cdot \text{cm}^{-2}] \quad (34)$$

Genauer müßte es tg γ statt γ heißen. Da γ aber meistens klein ist, wird im allgemeinen nur γ geschrieben. Zur Verdeutlichung mag die Abbildung dienen, die die elastische Schubverformung einer quaderförmigen Substanzprobe zwischen 2 planparallelen Platten zeigt, von denen die eine verschiebbar ist. Für das allgemeine elastische Substanzverhalten ist auch noch ein anderer Modul, nämlich der Dehnungsmodul E, bedeutsam, der für den Fall einer Zug- oder Druckbelastung gilt. G und E hängen über die Poissonsche Konstante zusammen, die aber nur wenig stoffabhängig ist, daher genügt es im allgemeinen, G oder E allein zu betrachten, denn die andere Größe kann dann immer berechnet werden. In der Rheologie wird im allgemeinen G betrachtet, da man es meistens mit der tangentialen Bewegung von Schichten zu tun hat.

Eine Substanzprobe, die in rheologischer Hinsicht nur elastische Eigenschaften hat, verformt sich durch eine Schubspannung in der abgebildeten Weise; nach Wegnahme der Schubbelastung nimmt sie ihre ursprüngliche Form wieder an. Die Verformung (Deformation) war also reversibel.

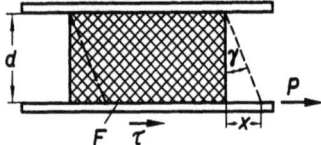

Im Gegensatz dazu verformt sich eine Substanz mit nur viskosen Eigenschaften unter der Wirkung der Schubspannung kontinuierlich, die bewegte Platte verschiebt sich also gleichmäßig, so daß (dem Grundversuch der Viskosimetrie entsprechend) in der Substanz ein Strömungsvorgang herrscht, der durch das Schergefälle D gekennzeichnet wird. Nach Wegnahme der Schubbelastung kommt der Vorgang sofort zum Stillstand. Eine Rückkehr zur alten Form findet nicht statt.

Zwischen diesen beiden Grenzfällen gibt es nun mannigfache Übergänge, die sog. visko-elastischen Erscheinungen. Diese Verhalten äußern sich im Parallelplatten-Versuch darin, daß nach Schubentlastung die Substanzprobe ihre ursprüngliche Form nur zum Teil wieder annimmt; es bleibt also eine gewisse irreversible Winkelverformung bestehen, die ihre Ursache in einem viskosen Fließvorgang hat, der während der Belastung innerhalb der Probe stattfand. Zur Bestimmung von G wird dann nur der reversible Teil der Winkelverformung herangezogen.

Visko-elastische Substanzen werden durch Modelle, die einerseits aus Federn und andererseits aus Kolben in mit viskoser Dämpfungsflüssigkeit gefüllten Zylindern bestehen, veranschaulicht. Man versucht dabei das Modell so auszubilden, daß es sich bei Experimenten wie die entsprechende reale Substanz verhält. Eine nurelastische Substanz wird durch eine Feder allein, und eine nur-viskose Substanz durch einen Dämpfungskolben allein symbolisiert. Die Dämpfungsflüssigkeit kann dabei newtonisch oder nicht-newtonisch sein. Entsprechend der sehr großen Mannigfaltigkeit der visko-elastischen Erscheinungen sind auch die Modelle mitunter recht kompliziert, indem mehrere Federn und Kolben in unterschiedlicher Weise miteinander verknüpft werden.

Modell eines Maxwell-Körpers

Der sog. Maxwell-Körper, eine einfachere visko-elastische Modellsubstanz, wird durch Hintereinanderschaltung von Feder und Kolben dargestellt. Der Maxwell-Körper ist eine Flüssigkeit, denn der Kolben kann sich beliebig weit bewegen, wenn man sich für einen fortdauernden Fließvorgang den Zylinder als unendlich lang vorstellt. Den Punkt Z denke man sich z. B. an der verschiebbaren Parallelplatte befestigt. Bei Aufbringen der Schubbelastung rückt die Platte dann zunächst (durch die elastische Substanzdehnung) nach rechts und geht anschließend in eine kontinuierliche Bewegung über, da sich nun der Kolben unter der Zugkraft der Feder bewegt, d. h. also, die elastisch gespannte Substanzprobe fließt. Entsprechend rückt die Platte wieder ein Stück nach links nach plötzlicher Schubentlastung.

Für die Praxis ist das sog. Relaxationsverhalten wichtig (Relaxation = Erschlaffung). Beim Relaxationsversuch mit Parallelplatten wird die verschiebbare Platte eine vorgegebene Strecke nach rechts bewegt

53

und dort festgehalten, während der zeitliche Verlauf der Kraft, die die Substanz infolge ihrer elastischen Dehnung auf die Platte ausübt, beobachtet wird. Bei einem Maxwell-Körper beobachtet man ein exponentielles Absinken der Kraft. Nach einer charakteristischen Zeit t_{rel}, der sog. Relaxationszeit, ist die Kraft (also die innere Substanzspannung) auf den e-ten Teil (also auf 37%) gesunken. t_{rel} ergibt sich aus dem viskosen (η) und elastischen (G) Teil der Maxwell-Substanz gemäß:

$$t_{rel} = \frac{\eta}{G} \, [s] \qquad (35)$$

Im Modell bedeutet das, daß sich der Kolben unter der Wirkung der gespannten Feder bewegt, wodurch diese wiederum zunehmend erschlafft.

Die Relaxation ist maßgebend für die Materialermüdung, z. B. für das Erschlaffen eines gespannten Textilfadens. Die Relaxationszeiten können je nach Material zwischen Bruchteilen von Sekunden und Jahren liegen. (Eine nur viskose Substanz hat übrigens formal die Relaxationszeit 0.)

Das Maxwell-Modell kann man vielfach dadurch dem realen Substanzverhalten besser anpassen, daß man sich den Zylinder als mit plastischer Substanz gefüllt denkt. Unterhalb der Fließgrenze ist die Substanz dann nur elastisch, oberhalb der Fließgrenze ist sie viskoelastisch.

Vielfach muß man auch noch einen Dämpfungskolben dem gesamten Maxwell-Modell parallelschalten (1½faches Maxwell-Modell); bei einer solchen Substanz sind also auch die elastischen Bewegungen bereits gedämpft.

Der Voigt-Kelvin-Körper, eine weitere wichtige Modell-Substanz, wird durch Parallelschaltung von Kolben und Feder dargestellt. Er stellt keine Flüssigkeit, sondern eine feste Substanz mit behinderter Elastizität dar. Das kommt im Modell dadurch zum Ausdruck, daß die Bewegungen stets durch die Feder begrenzt werden. Ein kontinuierlicher Fließvorgang ist nicht möglich. Das Modell sagt weiter aus, daß dieser Körper nicht relaxiert, und daß seine elastischen Bewegungen stets gedämpft verlaufen.

Wie schon angedeutet, kann das visko-elastische Verhalten realer Substanzen sehr verwickelt sein, so daß entsprechend komplizierte Modelle zur Veranschaulichung dienen müssen. Für praktische Zwecke genügt jedoch sehr oft die Annahme 1facher oder 1½facher Maxwell-Modelle mit strukturviskoser und plastischer Dämpfungssubstanz.

Elastisches Stoffverhalten ruft bei Rotationsviskosimetern den sogenannten Weissenberg-Effekt hervor. Dieser Effekt äußert sich darin, daß bei der Couette-Einrichtung die Substanz während der Rotation am Innenzylinder und seiner Achse nach oben kriecht. Man darf dann bei Viskositätsmessungen nur kurze Zeit rotieren lassen, um die Resultate nicht zu verfälschen.

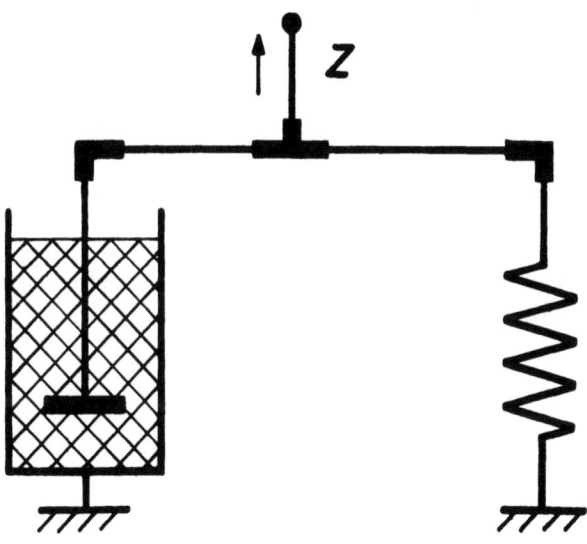

Modell eines Voigt-Kelvin-Körpers

Den Grund für die Erscheinung des Weissenberg-Effektes kann man sich so plausibel machen, daß man sich die elastische Substanz als Gummiband vorstellt, das um den Innenzylinder aufgewickelt wird. Dadurch entstehen Druckkräfte am Innenzylinder, die die Substanz zur Seite drücken wollen. Die Substanz weicht dann nach oben aus und klettert an der Achse hoch.

Messung mit dem ROTOVISKO

Mit dem ROTOVISKO können in Verbindung mit dem Elastizitäts-Meßzusatz ELZ Schubmodul und Relaxationszeit visko-elastischer Substanzen gemessen werden. Dabei müssen die Relaxationszeiten jedoch größer als 0,1 sec. sein. Weiterhin kann der Typ der Substanz (also Modell-Körper-Zuordnung) ermittelt werden. Einzelheiten der Handhabung und Auswertung mögen der Gebrauchsanleitung zu diesem Meßzusatz entnommen werden.

Hier soll dazu lediglich noch folgendes ausgeführt werden: Die Messungen erfolgen (oberhalb einer etwaigen Fließgrenze) nach dem Prinzip der Substanzrückfederung nach plötzlicher Schubentlastung, was sich in einer Rückdrehung des Drehkörpers um einen gewissen Winkelbetrag äußert. Dieser Winkel wird gemessen. Substanzbeispiele hierfür sind die meisten konzentrierten Lösungen von Hochpolymeren. Bei Gallerten wird unterhalb der Fließgrenze die elastische Substanzverformung unter der Wirkung des drehmomentbelasteten Drehkörpers beobachtet, die ebenfalls eine Drehbewegung des Drehkörpers um einen entsprechenden Winkelbetrag zur Folge hat.

Das Gebiet der Visko-Elastizität wird in der Veröffentlichung (15) ausführlicher dargestellt.

15. Anhang
Fließ- und Viskositätskurven

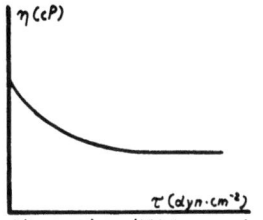

Bild 1: Viskositätskurve einer strukturviskosen Substanz

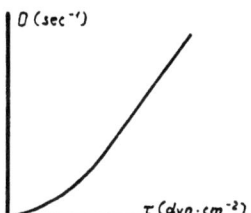

Bild 2: Fließkurve einer strukturviskosen Substanz

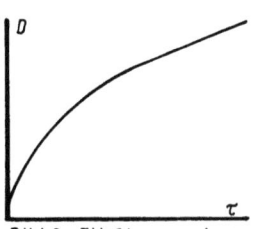

Bild 3: Fließkurve einer dilatanten Substanz

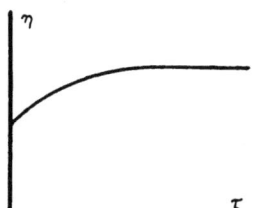

Bild 4: Viskositätskurve einer dilatanten Substanz

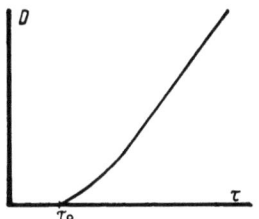

Bild 5: Fließkurve einer plastischen Substanz

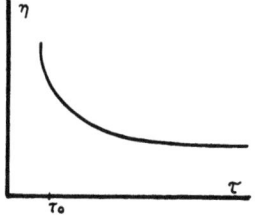

Bild 6: Viskositätskurve einer plastischen Substanz

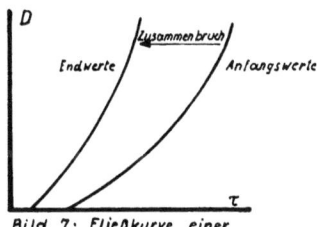

Bild 7: Fließkurve einer thixotropen Substanz

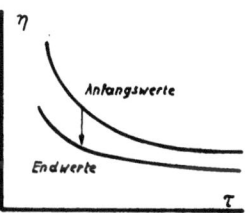

Bild 8: Viskositätskurve einer thixotropen Substanz

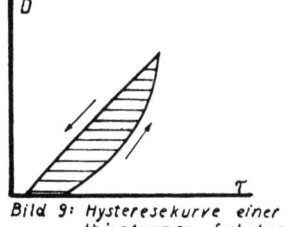

Bild 9: Hysteresekurve einer thixotropen Substanz

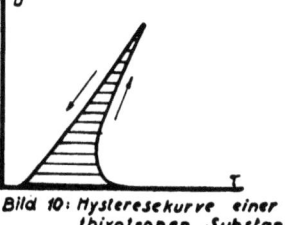

Bild 10: Hysteresekurve einer thixotropen Substanz

Literatur

Für das eingehendere Studium der Rheologie und ihrer Anwendung empfehlen wir folgende Literatur:

(1) W. Meskat: „Strukturviskoses Fließen", Ullmanns Encyclopädie der Technischen Chemie 1952

(2) H. Green: "Industrial Rheology and Rheological Structures", Verlag John Wiley a. Sons, New York 1949, und Verlag Chapman a. Hall, London 1949

(3) W. Heinz: „Grundlagen und Verfahren der Viskositätsmessung", „Süßwaren", Heft 4-5, 1957, Werner Benecke-Verlag, Hamburg 24

(4) W. Heinz: „Ein neues Konsistometer und ein neuartiges Elektro-Rotationsviskosimeter", Kolloid-Zeitschrift, 145. Bd., Heft 2, 1956

(5) W. Heinz: „Korrektes Rotationsviskosimeter für den Praktiker", Dechema - Monographien, Bd. 31, S. 219

(6) A. Fincke u. W. Heinz: „Untersuchungen zur Rheologie der Schokoladen", „Fette—Seifen", 58. Jahrgang, Nr. 10, 1956

(7) A. Fincke u. W. Heinz: „Über die Bestimmung der Fließgrenze", „Fette—Seifen", 59. Jahrgang, Nr. 8, 1957

(8) H. Bruß: „Beitrag zur Prüfung der rheologischen Eigenschaften von Schmierfetten", Schmiertechnik, Jahrgang 1957

(9) H. Bruß: „Die Bedeutung der Viskosimetrie in der kosmetischen und pharmazeutischen Industrie", Parfümerie und Kosmetik, 141 bis 146, 1960

(9) H. Bruß: „Über den Einfluß der rheologischen Eigenschaften auf die Ablaufneigung, die Schichtdicke, den Verlauf und die Streicharbeit von Anstrichstoffen", „Fette—Seifen", 60. Jahrgang, Nr. 10, 1958

(10) W. Heinz u. A. Fincke: „Die Berechnung des Fließgesetzes", „Fette—Seifen", 60. Jahrgang, Nr. 8, 1958

(11) D. Wapler: „Über die Messung des Fließverhaltens von Anstrichmitteln", „Deutsche Farben-Zeitschrift", Jahrgang 12, Seiten 15-23 und 56-61

(12) W. Heinz: „Die Platte-Kegel-Einrichtung, ein neuartiges Meßprinzip für Rotationsviskosimeter", Adhäsion, Heft 6, 1957

(13) A. Fincke u. W. Heinz: „Zur Bestimmung der Fließgrenze grobdisperser Systeme", Rheologica Acta, Bd. 1, Heft 4-6, 1959

(14) W. Heinz u. A. Fincke: „Zur Berechnung des Reibungsgesetzes plastischer Substanzen", Kolloid - Zeitschrift, 154. Bd., Heft 2, 1957

(15) W. Heinz: „Zur Messung visko-elastischer Stoffeigenschaften mit einem Rotationsviskosimeter", „Materialprüfung", Bd. 2, 1960, Nr. 9

(16) Dr. H. Ferch: „Über die rheologischen Eigenschaften Aerosil-haltiger ungesättigter Polyesterlack-Lösungen", „Fette — Seifen — Anstrichmittel" Nr. 12, 1962

Änderungen vorbehalten

MIX
Papier aus verantwortungsvollen Quellen
Paper from responsible sources
FSC® C105338

If you have any concerns about our products,
you can contact us on
ProductSafety@springernature.com

In case Publisher is established outside the EU,
the EU authorized representative is:
**Springer Nature Customer Service Center GmbH
Europaplatz 3, 69115 Heidelberg, Germany**

Printed by Libri Plureos GmbH
in Hamburg, Germany